张传雄 史文海 王艳茹 孙富学 著

YANHAI DIQU FENGCHANG JIEGOU TEZHENG HE GAOCENG JIANZHU FENGXIAOYING TEXING SHICEYANJIU

沿海地区风场结构特征和高层建筑风效应特性实测研究

浙江工商大学出版社 ZHEJIANG GONGSHANG UNIVERSITY PRESS | 杭州

图书在版编目(CIP)数据

沿海地区风场结构特征和高层建筑风效应特性实测研究 / 张传雄等著. —杭州:浙江工商大学出版社, 2019.5

ISBN 978-7-5178-3172-3

Ⅰ. ①沿… Ⅱ. ①张… Ⅲ. ①沿海—地区—高层建筑—风效应—研究 Ⅳ. ①TU97

中国版本图书馆 CIP 数据核字(2019)第057064号

沿海地区风场结构特征和高层建筑风效应特性实测研究

YANHAIDIQU FENGCHANGJIEGOU TEZHENG HE GAOCENGJIANZHU FENGXIAOYING TEXING SHICEYANJIU

张传雄　史文海　王艳茹　孙富学　著

责任编辑　唐慧慧　谭娟娟
封面设计　林朦朦
责任印制　包建辉
出版发行　浙江工商大学出版社
（杭州市教工路198号　邮政编码310012）
（E-mail:zjgsupress@163.com）
（网址:http://www.zjgsupress.com）
电话:0571-88904980,89991806(传真)
排　　版　杭州朝曦图文设计有限公司
印　　刷　虎彩印艺股份有限公司
开　　本　710mm×1000mm　1/16
印　　张　12.25
字　　数　182千
版 印 次　2019年5月第1版　2019年5月第1次印刷
书　　号　ISBN 978-7-5178-3172-3
定　　价　45.00元

本书出版获以下项目资助：

- 国家自然科学基金项目(51678455,51478366,51508419)
- 浙江省自然科学基金项目(LY12E08010)

前　言

台风是自然界极为严重的灾害之一，沿海地区由于台风及其次生灾害导致的人员、财产损失均居各种自然灾害的首位，因此进行各种地貌类型下的强台风风场特征和各种类型粗糙度下建筑风效应的研究，对于防灾减灾具有重要的现实意义和社会价值。

风特性研究理论主要基于达文波特(Davenport A. G.)的阵风因子法，基本风速由脉动风速和平均风速构成，伯努利(Bernoulli)方程将它们转化成了对建筑表面的动压和静压。其中脉动风速是指较短时间内的风速波动，由风速的不规则变化引起，其强度大小随机变化，即所谓的高频率强度变化的湍流，描述它需要使用随机过程理论。湍流研究者虽然认为纳维-斯托克斯(Navier-Stokes)方程组可以用以描写湍流，但是，方程组的非线性使得用解析解精准描述湍流在三维空间里的变化特性变得极其艰难，因此迄今为止，还在使用各种近似方程解。

湍流的研究方法主要有两类，一类是湍流相关函数的统计平均理论，关于湍流基本机理的理论研究，进展较为缓慢；另一类则是湍流平均量的半经验理论，理论主要涉及湍流的大尺度运动，它不太能增进研究人员对湍流本质的了解，但对解决实际问题却具有很好的效果，因此，在风工程实测实验中多有应用。

在研究风工程的理论分析、数值模拟、风洞实验和原型实测4种方法中，理论分析作为风工程计算和试验的前瞻性指导方法，起纲领性作用；使用湍流模型的数值模拟是风工程研究的一个重要计算方法；风洞实验是目前结构风荷载及风致响应评估的主要研究手段;而原型实测掌握着建筑风场特性、结构风荷载作用和结构响应机理最直接的资料,能够更真实地反映高层建筑结构表面的风荷载特性及其风致响应。随着传感器灵敏度技术、信号采集传输处理技术和原型实测方法、手段、设备的发展,现场实测结果的精准度正变得越来越高,并成为检验理论模型、风洞实验和数值模拟结果准确性的权威依据。

本书在自然科学基金项目资助下,以风工程的原型实测研究为背景,根据风场数据和气象资料,对沿海地区近地边界层强台风的统计特征进行了分析;基于台风下风场实测数据,对沿海地区边界层范围内多时空、多地貌的风场特征进行了分析和探索;基于高层建筑在多台风下风场及风致振动的原型实测数据,分析了建筑结构模态参数的固有特性,验证了依据频率计算阻尼比的经验公式有效性;根据建筑结构风场的分布特性及建筑结构与来流的流固耦合效应,探讨了气动阻尼比随折减风速、结构振动加速度、速度变化的部分关系规律,并对气动阻尼比及其相关影响因素进行了综合对比研究;基于高层建筑台风风场和风压的同步实测工作,以及相应模型的对比风洞试验,深入研究了台风作用下高层建筑表面的风压特性及其变化规律。

上述对沿海地区在台风下的风场特征和既有高层建筑风效应特性进行的深入有效的研究和探索,如果有助于读者对风工程实测基本原理有进一步了解,对仪器设备、分析方法等产生更深的兴趣,并能从中得到启发,从而在实际工程应用中加以参考和借鉴,我们将感到非常欣慰。

感谢国家自然科学基金项目(51678455,51478366,51508419)和浙江省自然科学基金项目(LY12E08010)对本书研究内容的资助。同时感谢项目组成员黄小阳、夏禹、包一杰、张剑芳、王澈泉、潘月月对本书的贡献。

另外,本书内容的研究和撰写得到了温州大学建筑工程学院的大力支持和帮助,在此表示衷心感谢。

由于作者的水平所限,书中存在的不妥和错误之处,恳请读者批评指正。

作者

2019 年 3 月 29 日

目录
Content

第1章　**绪　论**

1.1　目的及意义 / 001
1.2　高层建筑风场和风致响应现场实测的研究现状 / 003
1.3　研究方法 / 005
1.4　本书研究工作 / 007
1.5　本书的研究线路 / 009

第2章　**风场特征和高层建筑风效应特性基础应用理论**

2.1　风场基础理论 / 010
2.2　风场研究基本方法 / 015
2.3　风效应基本理论 / 022
2.4　模态识别研究方法 / 026
2.5　经验模态分解(EMD) / 034
2.6　本章小结 / 037

第3章　**高层建筑风场特性实测分析**

3.1　引　言 / 038
3.2　台风“菲特”及风速实测概况 / 039
3.3　实测脉动风特性分析 / 040
3.4　本章小结 / 051

第4章　多台风下高层建筑风场特征对比分析

4.1　引　言 / 052
4.2　台风简介和实测概况 / 053
4.3　平均风特性对比分析 / 055
4.4　湍流强度对比分析 / 058
4.5　阵风因子对比分析 / 060
4.6　峰值因子对比分析 / 067
4.7　湍流积分尺度对比分析 / 071
4.8　风速功率谱对比分析 / 075
4.9　本章小结 / 078

第5章　沿海地区风场特征实测分析

5.1　引　言 / 080
5.2　苍南县霞关测风塔简介 / 081
5.3　风场特性分析 / 082
5.4　历年西太平洋地区形成的和登陆我国的热带气旋统计 / 094
5.5　温州地区历年的最大风速统计 / 096
5.6　本章小结 / 098

第6章　特定环境风廓线特征的实测研究

6.1　引　言 / 100
6.2　台风、仪器设备及实测过程简述 / 101
6.3　应用的理论、经验模型 / 103
6.4　风廓线、风场特性分析 / 103
6.5　本章小结 / 113

第7章　高层建筑结构模态参数及气动阻尼特性实测研究

7.1　引　言 / 114

7.2 研究理论及方法 / 115
7.3 台风过程、实验楼概况及实测系统 / 116
7.4 建筑结构的模态参数识别理论 / 118
7.5 振型频率、振型和振型阻尼比实测结果分析 / 121
7.6 振型结构阻尼比的识别 / 128
7.7 气动阻尼比与折减风速 / 130
7.8 本章小结 / 134

第8章 **高层建筑风压特性的实测研究**

8.1 引 言 / 136
8.2 台风“鲇鱼”作用下的风压特性 / 137
8.3 台风“凡亚比”作用下的风压特性 / 151
8.4 两次现场实测风压结果的对比 / 162
8.5 现场实测结果与风洞试验结果的对比分析 / 164
8.6 本章小结 / 171

参考文献 / 173

第1章
绪　论

1.1　目的及意义

全球气候变化的背景下，极端天气事件和气象灾害频发，沿海地区由台风及其次生灾害造成的人员、财产损失都居各种自然灾害之首。

我国是世界上遭受台风灾害最为严重的国家。据统计，1949～2014年66年间，在西北太平洋地区形成的6级以上热带气旋共2218个，占全球总数的1/3，年均约33.6个。在这些热带气旋中，登陆我国的热带气旋有617个，年均9.3个，其中台风（8级以上的热带气旋）有462个，年均7.0个，远高于环太平洋受台风灾害严重影响的日本、马来西亚、越南和菲律宾等国家年登陆台风平均数[1,2]。

而地处我国东南沿海的浙江省台风活动尤为频繁。据史料记载，1884—2012年的100多年间，共有93次台风在浙江省登陆，年均0.72次。登陆的台风均给浙江省造成了严重损失。如1994年，9417号台风在温州登陆，受灾人口达1100万人，死亡1100多人，损坏房屋69万余间，其中倒塌21万余间，直接经济损失超过100亿元；2006年，第8号超强台风“桑美”在温州苍南县马站镇登陆，登陆时近中心最大风速17级（1min平均风速达68m/s，中国气象局认可的温州苍南鹤顶山风力发电站测得的阵风记录为81m/s），它是之前50年来袭击我国大陆最强的台风，给浙江、福建等东南沿海各省造成了严重的灾害，确认死亡458人，直接经济损失高达195亿元。

近年来随着我国经济的快速发展，轻质高强新型建筑材料的不断应用，以及工程结构设计与建筑施工技术的日新月异，大量功能复杂、结构新颖的高层建筑不断涌现。浙江、福建等沿海省市相继建成一系列高层建筑及一些超高层建筑，如温州市世界贸易中心（高323m）、温州市置信广场（高255m）、温州市华盟商务广场（高168m）、厦门市观音山营运中心11号楼（高146m）等。相对于传统建筑而言，这些大型高层建筑具有一些全新的结构组合形式及受力特点，其结构特征表现为质量轻、柔性大、阻尼小。

由于高层建筑结构的自振频率较低，恰位于或接近台风脉动湍流的主要频率段，在台风的作用下其结构风致响应较大。其中结构振动加速度和扭转角速度的幅值较大，这是该地区高层建筑使用舒适性设计的主要控制指标。另外，高层建筑的建筑造型繁复多变，台风风场在经过高层建筑附近时，会产生较为复杂的旋涡脱落和再附现象，并可能在结构的某些部位产生较大的局部风荷载，引起结构构件非均匀受力或应力集中，进而产生较为激烈的风致结构响应，导致其使用寿命期缩短或风损。超高层建筑在台风作用下的动力学行为，既与建筑物所在地区的地面粗糙度和台风风场特性有着紧密联系，又与建筑物本身的建筑形态和结构参数密切相关。

目前国内大多数针对高层、超高层建筑的抗风研究大多集中在深圳、上海、广州等超大型城市，这类城市的超高层建筑林立，地面阻塞度很大，地貌类型通常接近《建筑结构荷载规范》中所规定的D类地貌，而浙江和福建沿海地区目前超高层建筑的数量相对较少，这就使得这两个地区沿海城市中心的风环境与超大型城市有较大差别。另一方面，台风多发地沿海的超高层建筑具有独特的建筑形态和结构模态参数，建筑结构风致响应特征也有其特别规律，影响风致响应变化的主要因素有很多，但仍有许多未知因素等待研究。所以，本书选择沿海城市中有代表性形态的高层建筑及多种典型的环境，在台风下开展其风场和风效应的原型实测研究，探索风场特性、风环境、建筑形态、结构模态、风荷载、风效应之间的关系。本书的研究将进一步深化对高层建筑在台风作用下结构风致响应及其耦合特性的认识，深化各种环境地貌的风场在台风作用下的特征规律的理解，为提高我国沿海区域高层建筑的抗风能力和减轻风灾损失提供可靠的科学依据和较为准确的实用性参数及计算方法，提高建筑结构的安全性和投资的高效性。

1.2 高层建筑风场和风致响应现场实测的研究现状

现场实测是结构抗风研究中非常重要的基础性方法。世界各地研究人员专门建造测量高塔，或在既有超高层建筑、高耸结构上安装风速仪、风压传感器和振动测试仪，或利用精确动态激光测距仪、雷达、GPS等先进方法，在风场特性及结构风效应特性的全尺度实测方面做了大量工作[3-6]。

过去几十年，国外学者对于超高层建筑风场及风效应的原型实测进行了深入的研究探索，业已获得了一定的研究成果。Davenport et al.[7]研究了边界层平均风沿高度的变化规律，建立了风速剖面经验模型。Von[8]，Davenport[9]等分析了台风的湍流脉动特性，提出了各自的湍流功率风速谱经验模型。Panofsky[10]根据Brookhaven塔的脉动统计数据，亦给出了不同高度的湍流风速谱模型，并且证明了Davenport提出的相似假设理论（1961年）的有效性。Kaimal[11]在相似假设理论的框架下，基于1968年在堪萨斯州的实验中获得的湍流风脉动数据，描述了边界层中湍流风谱的特性。Simiu[12]基于实测实验数据的验证，证实了对数定律较指数定律更具有效性，且其边界层高度可以达到几百米。Isyumov et al.[13]基于多伦多CN塔实测的风致响应数据得出的第一振型频率与弹性模型风洞实验得到的结果一致。Counihan[14]基于4种不同粗糙度地形地貌的实测数据分析，发现湍流强度、湍流积分尺度分别具有相当类似的变化规律。Ellis[15]基于多幢高层建筑的现场实测数据，分析和评测了高层建筑结构的动力特性和阻尼问题。Jeary[16]应用现场实测结果对结构阻尼比的非线性特征进行了系统的研究，提出了相当著名的三线型阻尼模型。Harikrishna[17]，Solari et al.[18]基于现场实测数据的结果对阵风响应因子法进行了实证研究。Tamura et al.[19,20]通过对数十幢高层建筑进行原型实测分析，获得了高层建筑结构模态参数的处理方法、变化规律及经验公式。而一些风工程研究发达的国家建立了本地区的风特性数据库，如挪威、加拿大、英国等都建有近海风观测数据库[21]，Sparks[22]，Kato et al.[23]在大规模时间与空间上的观测结果也得到了比较完整的分析应用研究。

近年来，国内学者对超高层建筑风场及风效应的实测研究给予了越来越多的重视。如徐安等[24,25]在台风作用下利用超声风速仪和加速度传感器现场实测了实验楼中信广场和利通广场的风场以及加速度响应时程，分析了风速、风向的变化趋势以及纵、横、竖各向风速和结构加速度响应谱特性，总结了湍流强度、阵风因子变化规律，识别和验证了结构模态参数数值的真实性。安毅等[26,27]利用超声风速仪现场实测了上海环球金融中心在台风影响下的风场特性，分析了湍流强度、阵风因子、峰值因子变化趋势，给出了湍流积分尺度与平均风速的关系规律。李秋胜等[28-30]基于广州、香港、台湾多幢高层建筑的实测，在风场特性实测、风致响应实测分析和结构阻尼识别等诸多方面进行了系统的研究，取得了丰硕的成果。李正农等[31-33]对东南沿海高层建筑的风场特性、建筑结构风效应进行了实测研究，在各个风场特性参数变化趋势、各个建筑平面风压变化关系、风致振动及气动阻尼比变化规律方面取得了一定的成果。梁枢果等[34]基于武汉国际证券大楼和广州利通广场两幢实验楼顶部的现场实测数据，对比了沿海地区台风和内陆地区良态风在风速、湍流强度、阵风因子、脉动风速功率谱及其概率密度分布等方面的特性差异，得出了内陆地区良态风风速波动变化规律呈现为长周期且小幅脉动，而沿海地区台风为短周期且大幅脉动，湍流强度和阵风因子变化特性内陆地区良态风与沿海地区台风相当一致，沿海地区台风概率密度分布曲线形状类似于高斯分布，内陆地区良态风功率谱高频段能量相对于低频段偏低的结论。谢壮宁等[35]利用具有专利的无线加速度传感器，对深圳市京基100大楼在台风、常态风和环境激励条件下的加速度实测数据进行了结构模态参数和动力参数识别，获得了结构加速度和阻尼比的变化规律。申建红等[36]对青岛泽润广场的强风和风压特性开展了同步实测研究，结果表明特定地貌条件下的湍流风并不完全切合经典的脉动风速功率谱,其概率密度分布函数及墙面风压均不同程度表现出非正态分布特征。

即便如此,至目前为止,虽然对于高层建筑的风场特性进行了一定实测分析,对高层建筑结构阻尼等模态参数及结构动力参数亦进行了一些实测研究,但以下许多方面存在欠缺,亟待加强。

首先,强台风风场的实测资料比较缺乏,近地层(0~600m)强台风风场特性有待进一步了解,其中的复杂地形地貌和高层建筑结构密集区的风场特性,特别是平均风的风速剖面、湍流风的空间相关特性、湍流强度剖面、湍流尺度剖面、强台风登陆后的衰减规律、台风过程的非平稳统计特征等,都需要通过大量实测来分析研究、总结确定。

其次,对于高层建筑结构风致响应的原型实测开展甚少,由于强台风发生的次数少,通过现场实测已获得的有科学和工程意义的风场和建筑结构风致响应的数据还远不充分。作用在超高建筑结构上的静风荷载和脉动风荷载引起结构的顺风向、横风向和扭转响应具有三维空间特征并可能产生耦合效应,而不同方向的风载及其结构效应,包括扭转响应都具有不同的特点。在我国的高层建筑荷载设计规范中横风向的风振影响尚未清楚,扭转的风振影响尚未涉及,高层建筑结构与来流风耦合产生的气动阻尼原型实测分析研究匮乏,因而大力开展高层建筑风效应的现场原型实测和基础理论研究是十分必要的。

最后,高层建筑现场实测技术方面也存在诸多需要解决的问题,如原型实测设备及结果的精准性、远程实测系统集成的有效性、长期监测系统的稳定性和可靠性等问题,以及建筑周边地貌和状况的变化对风场脉动性和结构风致响应的影响等都需要进行深入的研究。

1.3 研究方法

本书中使用的研究方法主要有3种:实地调研、原型实测和理论分析。

1.3.1 实地调研

首先通过实地踏勘调查的方法，收集浙江、福建等地沿海城市台风历史数据、风环境、超高建筑的基本参数和相关资料，对实测城市地貌和风环境、实测超高层建筑的体型和结构等参数做详细调研并进行分析对比，总结出沿海城市的地貌特征、风环境特征和超高层建筑的体形特征，选择理想的典型实验楼，并与业主和物业协商，布设仪器和测试系统，建立超高层建筑风荷载的长期观测基地。

1.3.2 原型实测

开展高层建筑风场、风荷载和风效应的现场实测研究至今已有数十年历史，原型实测数据是掌握建筑风场特性、结构风荷载作用和结构响应机理最直接的资料，能够更真实地反映高层建筑结构表面的风荷载特性及其风致响应，是修正试验方法和理论模型的权威依据。原型实测可以得到风速、风向等风场数据，结构各部分的位移、速度和加速度等结构运动参数，以及实验楼各个平面、各个高度的风压风荷载数值，基于大量翔实的观测资料，经过综合分析研究，就有可能获得符合实际的经验公式或理论原理。它是数值模拟和风洞实验的检验标准和有效补充。

在原型实测中，由于现场实测环境的复杂性和仪器数量等条件的限制，仅能获取有限点位的风场、风压及风致响应等风效应数据，对于研究目标的相关部位能够了解并分析得比较清楚，但不能对其所有的反应进行全面的把控，因而结果与实际状况之间总是存在一些差异。

现场原型实测方法有诸多优点，如数据资料详细具体、可信度较高，可用以验证其他方法的有效性、准确性与可靠性。但它也受到工作环境不确定，组织安排复杂费力、耗资费时，数据精度涉及传感器精度、数据采集与传递、信息的存贮与处理等诸多因素，以及工程既成后才能进行实验测试等诸多限制。

1.3.3 理论分析

理论分析作为风工程计算和试验的前瞻性指导方法，以结构随机振动理论为基础，综合应用结构力学、空气动力学和概率论的知识，用于结构顺风向、横风向的随机振动分析和扭转效应的响应分析。

高层建筑风荷载和风致振动的理论分析工作始于20世纪50年代末，苏联学者巴斯基利用随机理论分析了单自由度体系的风振问题。紧接着，王光远和李桂青于1962年对有限自由度和无限自由度体系风致随机振动进行了研究，首次提出了第一振型起主要作用的结论[37]。同年，Davenport[38]对结构顺风向风荷载和风致振动分析方法进行了系统的研究，并逐步形成了以Davenport阵风荷载因子法为基础的比较完善的计算理论和方法，其在土木工程结构中引入航空领域的Liepmann抖振理论，发展了近地湍流模型，并给出了高层建筑风荷载和风效应的概念和计算方法（除结构的气动耦合外的气动耦合）。Holmes[39]引入Sears函数表示的气动导纳来表示来流水平和竖向脉动风的相互影响，结果较接近实际状况。但是，随着建筑高度的增高及其柔性的增加，横风向的风振响应会大于顺风向，因此横风向风荷载和风致响应的计算变得非常重要。而横风向风荷载的产生机理非常复杂，加上来流激励、尾流激励和结构横风向自振激励等众多因素影响，迄今尚无完备的横风向风荷载及其响应计算的理论分析方法。而且，扭转风荷载是由于迎风面、背风面、侧面风压分布不对称产生的，与风的湍流及建筑尾流的旋涡有关，比顺风向、横风向更显复杂。另外，弯扭耦合的风振效应也应该引起切实的关注。

1.4 本书研究工作

随着传感器灵敏度技术、信号采集与处理技术和实测实验技术的提高及发展，现场实测结果不仅正变得越来越精准，而且成为检验风洞实验和数值模拟结果准确性的权威依据[40]。

本书由国家自然科学基金项目“台风作用下超高层建筑气动阻尼原型实测研究”（项目号:51678455）、“强台风作用下挑蓬建筑屋盖的风场、风荷载和风致响应原型实测与风洞试验研究”（项目号:51478366）、“典型低矮房屋基于参数化的台风灾害易损性研究”（项目号:51508419）资助，开展了台风下高层建筑顶部的风场、建筑表面风压和结构风致响应的原型实测工作，以东南沿海地区具代表性的典型建筑形态的高层建筑为试验对象（温州市华盟商务广场，厦门市观音山营运中心11号楼），采用多台多型的实测设备，如多普勒声雷达、风速仪、风压传感器、振动传感器和动态数据采集系统等仪器，使用项目组业已建立的沿海城市高层建筑风场、风效应原型实测基地，进行现场实测，以获取台风作用下沿海地区多种环境地形风场，以及高层建筑的风场、风压和风致响应的同步实测数据，并进行综合性的分析对比研究。具体研究内容如下：

（1）基于2013年在浙江温州市华盟商务广场顶部实测获得的台风“菲特”的风场数据，研究了温州市中心高空台风风场的湍流强度、阵风因子、峰值因子、湍流积分尺度和风速谱等风场特性，分析了湍流强度、阵风因子和峰值因子随10min平均风速的变化关系，总结了阵风因子随湍流强度的变化规律，研究了湍流强度、阵风因子和峰值因子随阵风持续时间变化的特性。

（2）基于2012~2016年在温州市华盟商务广场顶部实测获得的台风“麦德姆”“潭美”“灿鸿”“杜鹃”“凤凰”和“苏力”的风场数据，分析获得了温州市区高空台风风场的湍流强度、阵风因子、峰值因子、湍流积分尺度和风速功率谱等的部分变化规律，并对湍流强度、峰值因子、湍流积分尺度的实测值与各国规范的取值进行了总结分析，探讨了实测风速谱的规律特性。

（3）基于2009年在台风“莫拉克”影响温州苍南期间现场观测获得的实测数据，深入分析了在特定地貌条件下苍南县100m高度内的风环境特征与风剖面特性，探讨了风场在台风登陆前后的周期性和脉动性，并对实测湍流强度、阵风因子、湍流积分尺度沿风塔高度的变化规律进行了分析，对在不同的时间、高度及风速下脉动风速功率谱特性进行了总结，并根据气象数据总结了温州地区登陆气旋的规律特征。

（4）基于2018年在台风“玛莉亚”影响温州期间根据多普勒声雷达和风速仪现场观测获得的实测数据，总结分析了在特定地形下300m高度内风环境的边界层特征以及水平和竖向风剖面特性，并对不同环境地貌下两个相距6.21km实测点的平均风速线性回归相关特征的相似性进行了探讨。

（5）在台风“灿鸿”“杜鹃”影响期间，对温州某矩形截面高层建筑进行了现场实测，得到了实验楼顶层的风速、风向及结构、多个楼层的加速度响应数据。然后利用EMD处理加速度数据，并应用ERA、NExT-ERA及AR3种方法，对建筑结构的模态参数与气动阻尼动力特性进行计算分析，研究其变化特性。

基于本书提出的一个理论假设，通过实测实验及数据分析，识别出了实验楼的结构阻尼比的数值，再将它与既有经验公式的计算结果对比，初步验证了此假设的适用性及有效性，然后据此分析了东南沿海高层建筑的风场及风致振动响应特性，给出了在低折减风速下建筑结构气动阻尼比与折减风速的部分关系规律。

（6）基于在厦门观音山营运中心11号实验楼开展的高层建筑台风风场和风压的同步实测工作，以及相应的模型风洞试验，深入研究了台风作用下高层建筑表面的风压特性及其变化规律。

1.5 本书的研究线路

本书研究线路如图1.1所示：

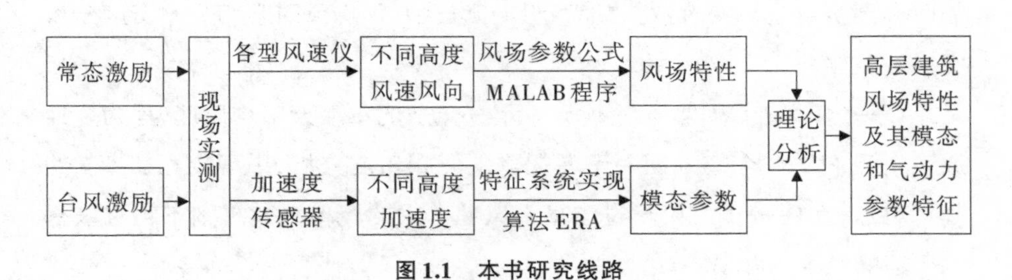

图1.1 本书研究线路

第2章 风场特征和高层建筑风效应特性基础应用理论

2.1 风场基础理论

强风的风场特性与基本风速、平均风速、脉动风速等风场基本参数及衍生出的其他湍流特性参数紧密相关。

2.1.1 基本风速

基本风速是某地气象观测站通过风速仪对瞬时风速进行大量的长时间的观察和记录，并按照我国规范规定条件对记录数据进行统计分析，得到特定地点平均风速，进而得到该地最大平均风速[41]。规范规定条件是指特定的研究高度及重现期、特定的地面粗糙度类别、平均风时距和概率密度分布类型等条件。

在一定时间间隔内，会出现大于某一风速的年最大平均风速（称为设计风速），我们称这个间隔期为重现期。从概率角度分析，重现期为概率T的基本风速，在任一年中只超过该基本风速一次的概率为$1/T$，则不超过该基本风速的概率为$P_0=1-1/T$。

2.1.2　平均风速

风在流动过程中因为地表摩擦力的阻碍作用，其动能会变小，导致风流体速度减慢，这种摩擦阻力通过风的湍流向上传递，然而随着距离地面高度的增加，风所受地面摩擦阻力将减小，从而能量损失也变小。当达到一定高度时，地面摩擦阻力的影响便可以忽略不计，此处风速趋于稳定，气流将沿着等压线以梯度风速流动，这一高度称为大气边界层高度或边界层厚度，用δ表示。边界层以上的大气称为自由大气，气流以梯度风速流动的起点高度称为梯度风高度，用z_G表示，梯度风速用u_{z_G}表示。

大气边界层的厚度与地形、气候条件和地表粗糙度有关，一般认为其范围在300～1000m之间。研究表明，大气边界层以内的平均风速与地表粗糙度和高度相关，其边界条件为地面风速为零，边界层厚度处应力为零。这种风速在垂直平面内随高度的变化称为风切变。目前，实践中应用较多的风切变经验模型有指数模型和对数模型[42]。

2.1.3　对数律风速剖面

大气边界层有两个重要的特征尺度。在边界层的内部起始点附近范围内，最重要的特征尺度是地面粗糙度。在边界层边缘处，边界层高度为其另一重要的特征尺度[42]。

至今，气象学家认为利用对数律的经验公式表达大气底层风速廓线相对理想，因而多将它应用于微气象问题中。在水平均匀地形区域内，由平均风速微分方程的解即可导出对数律风切变的经验表达式[43,44]：

$$U(z') = \frac{1}{k} u_* \ln\left(\frac{z'}{z_0}\right) \tag{2.1}$$

式中，$U(z')$表示大气层内z'高度处的平均风速；z_0、z'分别代表地面粗糙度和有效实际高度，单位均为m；u_*代表摩擦速度，其计算式为$u_* = \sqrt{\frac{\tau_0}{\rho}}$，$\tau_0$、$\rho$分别代表地表剪切应力和空气密度；$k$表示Karman常数，一般取$k \approx 0.4$。

而且$z'=z-d$中，z、d分别代表离地高度和零点距离，单位均为m，如图2.1所示：

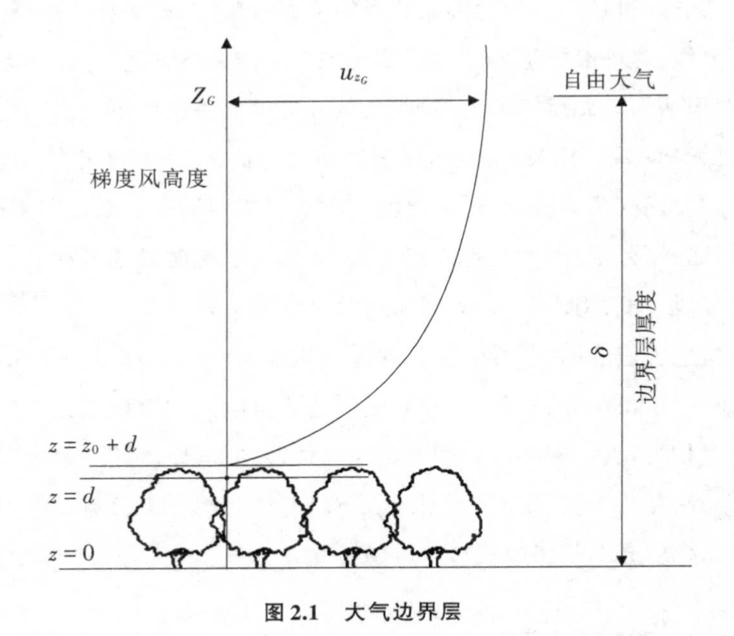

图2.1　大气边界层

地面粗糙度z_0是地面上湍流特征旋涡大小的度量，由于空气与地表之间摩擦力作用的随机性，不同实测所获取的z_0经常有较大的差异，因此，z_0的大小一般由典型地形多次实验获得。

如表2.1所示为不同类型地表地貌的地面粗糙度[42]。

表2.1　不同类型的地面粗糙度

地面粗糙度z_0(m)	地 面 类 型
10^{-5}	平坦冰面
10^{-4}	平面开阔海面
10^{-3}	沿海地区、海岸处
0.01	有少量植被、房屋的开阔地
0.05	有少量房屋、防风林的农村

续表

地面粗糙度z_0(m)	地 面 类 型
0.3	大片防风林的乡村
1 ~ 10	城市

2.1.4　指数律风剖面

Davenport[45]根据其大量风场实测记录统计分析出不同环境地貌上的风切变轮廓，并总结得出可以运用指数函数经验公式描述平均风速沿高度变化的特征规律，即

$$\frac{U(z)}{U_b}=\left(\frac{z}{z_b}\right)^{\alpha} \tag{2.2}$$

式中，z、$U(z)$分别为任一高度和此高度处的平均风速，z_b、U_b分别为标准参考高度和此标准参考高度处的平均风速，α为地面粗糙度指数。式(2.2)的指数律经验公式假定地面粗糙度指数α在梯度风高度z_G内保持恒定不变，且梯度风高度z_G只与指数α有关。

指数律风切变经验公式最初由于形式相对比较简单而得到广泛的应用，如中国及加拿大的结构设计规范都采用它进行不同高度的风速换算。实测试验的结果表明，根据指数模型经验公式计算出的风速值与实测值偏差较小。

2.1.5　D-H模型

由于对数律模型对高纬度地区的风剖面刻画准确性不够，Deaves和Harris基于对数律模型的基本表达式，引用与纬度有关的梯度风高度，并对有效高度进行了归一化处理，即D-H边界层风剖面模型，如下式：

$$U=\frac{u_*}{k}\left[ln\left(\frac{z}{z_0}\right)+5.75\frac{z}{h}-1.88\left(\frac{z}{h}\right)^2-1.33\left(\frac{z}{h}\right)^3+0.25\left(\frac{z}{h}\right)^4\right] \tag{2.3}$$

式中，梯度风高度$h=u*/(B.f)$，可以作为梯度风高度的较为简捷的计算方法。

2.1.6 直线相关分析

利用积差法计算相关系数，如下式。

$$r=\frac{n\sum XY-\left(\sum X\right)\left(\sum Y\right)}{\sqrt{\left[n\sum X^2-\left(\sum X\right)^2\right]\left[n\sum Y^2-\left(\sum Y\right)^2\right]}} \tag{2.4}$$

当$|r|$在0.3～0.5之间时，两向量低度相关；当$|r|$在0.5～0.8之间时，两向量显著相关；当$|r|$在0.8～1之间时，两向量高度相关。

2.1.7 脉动风速与湍流

脉动风速是指较短时间内的风速波动，是由风速的不规则变化引起的，其强度大小随机变化，即具所谓高频率的强度变化的湍流特性，描述它需要使用随机过程的方法。

湍流的成因出自其不稳定性，主要有两个：一个是剪切流的扰动逐渐增强，失去稳定流动而产生湍流斑，扰动继续增长，最后导致湍流；另一个是由于上、下层间空气密度差异和温度变化的热效应，导致空气气团垂直运动，形成稳流态失衡，充分发展后形成湍流。这两种形式往往相互关联、相互作用。时至今日，湍流研究者虽然仍认为纳维-斯托克斯(N-S)方程组可以用以描述湍流，但是，方程组的非线性使得用解析解精准描述湍流在三维空间里的变化特性变得极其艰难。好在实际工作中，人们关注的总是其呈现的整体的、平均的性能，因而对湍流的研究主要可以采用数理统计的随机方法[46]。

2.1.8 湍流理论概念

湍流的数理统计研究主要沿着两个方向发展，一个方向是湍流相关函数的统计平均理论，另一个方向则是湍流平均量的半经验理论[47]。

统计平均理论是研究人员引进多点相关后使用自、互相关函数及谱分析等方法研究湍流特性，增进了对小尺度湍流机理的深刻了解。其代表性研究人员在国外是泰勒[48]和柯尔莫戈罗夫，在中国则是周培源[46]。泰勒在20世纪20年代初引进了流场同一点在不同时刻的脉动速度分量的相关，即所谓的拉格朗日相关，从而开创了湍流统计理论的研究，而后又引进了流场同一时刻在不同点的脉动速度分量的相关，称为欧拉相关；柯尔莫戈罗夫则得出中间尺度的湍动涡的能谱是按k的$-5/3$次幂变化的，即柯尔莫戈罗夫幂定律；而周培源则是首先解答了纳维-斯托克斯(N-S)方程，然后对所得基元涡运用统计平均方法，来研究各处均匀各向同性湍流，从而获得相关量的衰减规律。

湍流的半经验理论则是研究人员根据实际工程需要进行大量的试验研究，确定湍流的特征参数后形成的半经验理论。这些理论主要涉及湍流的大尺度运动，它们虽不太能促进研究人员对湍流本质的了解，但对解决实际问题却具有很好的效果，因此在风工程实测实验中有较多的应用。

2.1.9　强台风特性研究

本书风场研究的内容为强风或台风在各种环境下的风场特征及其规律，最有效的方法是通过在该地区进行大量观测实验并对其实测结果进行分析、归纳、总结，从而获得适当的经验模型(经验公式)和统计参数，并以此为基础进行其特征关系、特性规律的进一步分析研究。

2.2　风场研究基本方法

风特性研究方法主要是基于达文波特(Davenport)的阵风因子法[49]及随机振动理论。本节的数据预处理方法是经验模态分解(EMD)法。

2.2.1 风速、风向(风剖面)

实测的风速、风向记录分为两个时间序列，即水平风速$u(i)$和风向$\phi(i)$。风速可根据以下公式分为两个坐标轴方向的分量，如图2.2所示：

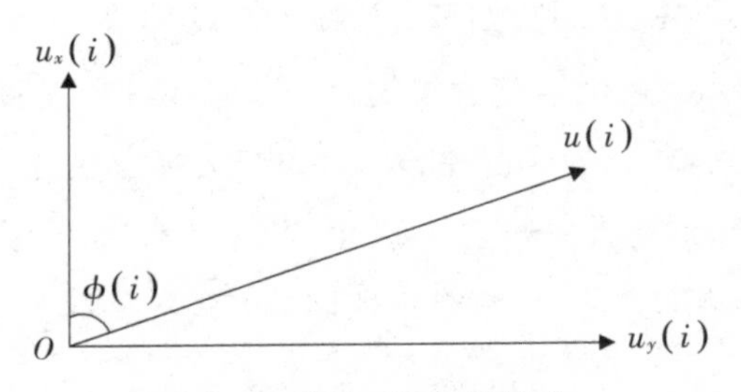

图 2.2 风速、风向示意图

$$u_x(i)=u(i)\cos\phi(i) \tag{2.5}$$

$$u_y(i)=u(i)\sin\phi(i) \tag{2.6}$$

本书在统计分析时取10min为基本时距，则平均水平风速U和平均水平风向角θ为：

$$U=\sqrt{\left(\bar{u}_x\right)^2+\left(\bar{u}_y\right)^2} \tag{2.7}$$

$$\theta=\arcsin\frac{\bar{u}_x}{U}+step\left(-\bar{u}_y\right)\times 180° \tag{2.8}$$

式中，$step(*)$为阶跃函数，当$-\bar{u}_y$为负时，函数值为零；当$-\bar{u}_y$为正时，函数值为1。$\bar{u}_x$和$\bar{u}_y$分别为$u_x(i)$和$u_y(i)$一定时距样本的均值。在一定时距内，顺风向和横风向脉动风速$\bar{u}(i)$、$\bar{v}(i)$可分别表示为：

$$\bar{u}(i)=u_x(i)\cos\theta+u_y(i)\sin\theta-U \tag{2.9}$$

$$\bar{v}(i)=-u_x(i)\sin\theta+u_y(i)\cos\theta \tag{2.10}$$

2.2.2 湍流强度、阵风因子和峰值因子

湍流强度描述了风速随时间变化的程度，反映了脉动风的相对强度，湍流强度通常定义为10min时距内脉动风速标准差与水平平均风速U的比值：

$$I_i=\sigma_i/U \qquad (i=u,v) \tag{2.11}$$

式(2.11)中，u、v分别为脉动风速，$\sigma_i(i=u,v)$为分析时距内的脉动风速标准差。

湍流强度不仅与离地高度Z有关，还与地表粗糙度z_0有关。一般湍流强度随离地高度的增加而减弱，随地表粗糙度的增加而增强。

在欧美各国的规范中，绝大部分使用经验公式$I(z)=c(Z/10)^{-d}$计算，其中c、d为经验公式的参数[50]。《建筑结构荷载规范》（GB 50009-2012）也采用了类似的形式。

阵风因子为阵风风速与平均风速之比，反映了阵风风速与平均风速相对大小，是风速脉动性的表征，通常定义为阵风持续时间t_g（一般取3s）内最大平均风速与分析时距（10min）内的水平平均风速U之比，即：

$$G_u(t_g)=1+max\left(\overline{u(t_g)}\right)/U \tag{2.12}$$

$$G_v(t_g)=max\left(\overline{v(t_g)}\right)/U \tag{2.13}$$

式中，$\max\left(\overline{u(t_g)}\right)$、$\max\left(\overline{v(t_g)}\right)$分别表示顺风向、横风向在$t_g$时间内最大平均风速，有：

$$\overline{u(t_g)}=\frac{1}{N}\sum_{i=1}^{N}u(i) \tag{2.14}$$

$$\overline{v(t_g)}=\frac{1}{N}\sum_{i=1}^{N}v(i) \tag{2.15}$$

其中，N为t_g时间内的样本个数。

类似于阵风因子，峰值因子g_u也用以表征纵向脉动风的瞬时强度，表达式为：

$$g_u=\left(\hat{U}_{ut}-U\right)/\sigma_u \tag{2.16}$$

式中，$\hat{U}_{ut}$为阵风持续时距t_g时间内纵向平均风速最大值，σ_u为纵向脉动风速标准差。

g_v用以表征横向脉动风的瞬间温差，表达时为：

$$g_v=\hat{U}_{vt}/\sigma_v \tag{2.17}$$

式中，$\hat{U}_{vt}$为阵风持续时距t_g时间内横向平均风速最大值，σ_v为横向脉动风速标准差。

2.2.3 湍流积分尺度

大气湍流运动是一种多尺度大气涡旋运动现象，大气运动过程中，湍流涡旋的尺度表达了其空间参与的程度。湍流积分尺度是脉动风中湍流涡旋平均尺寸的量度，它反映脉动风的风速和风荷载的空间相关性，即湍流积分尺度与脉动风的空间相关性有关。

湍流积分尺度亦称为湍流长度尺度。通过某点气流中的速度脉动，可以认为其是由平均风所输送的一些理想涡旋叠加而产生的。大气边界层中每一点的涡旋均可视为与其位置相关的周期脉动，圆频率为$\omega=2\pi N$，N为频率。与波类似，定义涡旋的波长$\lambda=U/n$，其中U为平均风速，那么这个波长大小就是涡旋的尺度。对应于与纵向、横向和垂直方向脉动速度分量u、v和w有关的涡旋3个方向，总共有9个湍流积分尺度L^x_u、L^y_u、L^z_u、L^x_v、L^y_v、L^z_v、L^x_w、L^y_w、L^z_w[42]。比如L^x_u、L^y_u和L^z_u就是与纵向湍流分量u有关的旋涡分别在纵向、横向和垂直方向的平均尺度的度量。由于湍流积分尺度变化影响结构风荷载改变的灵敏度很强，湍流积分尺度无疑是最重要的风特性指标之一。

当脉动风两点空间位置大于湍流尺度时，表明这两点处在不同旋涡内，则其脉动速度不相关，旋涡的作用将很弱。相反，处在同一旋涡中两点的速度是相关的，漩涡的作用将变得很强。湍流平均尺度的大小决定了湍流影响的强弱，湍流平均尺度小则湍流影响弱，湍流平均尺度大则其影响强。

纵向平均湍流积分尺度L^x_u在数学上可定义为：

$$L^x_u=\int_0^\infty \frac{R_{u_1u_2}(z,r_x)}{\sigma_{u_1}\sigma_{u_2}}dr=\frac{1}{\sigma_u^2}\int_0^\infty R_{u_1u_2}(z,r_x)dr_x \tag{2.18}$$

式中，$R_{u_1u_2}(z,r_x)$为两个空间位置点纵向速度分量$u_1(x,y,z,t)$和$u_2(x,y',z',t)$的互协方差函数，σ_u是u_1和u_2的均方根。在大气运动中的脉动风速$\sigma_u\approx\sigma_{u_1}\approx\sigma_{u_2}$。

Taylor的“凝固湍流”假设[48]含义是在空间上一固定点对湍流的观测结果统计上等同于同时段沿平均风速方向上空间各点的观测结果，根据实测资料的验证，泰勒假设被认为是对在边界层中实际湍流风较为理想的近似，因此本书将其作为最基本的假定之一加以应用。

根据假设，通过对实测平均风速的“Taylor”转换，可以获得湍流时程，即空间风速的特性可描述时间湍流的统计特性，反之亦然。如此，则有$r_x=U(z)\tau$，$R_{u_1u_2}(z,r_x)=R_u(z,\tau)$，利用风速$\bar{u}$与时间$t$的乘积等于该空气团运行距离($x=\bar{u}t$)的关系,可将时间序列的湍流资料转化为相应的空间测量资料。

将上述结果代入式(2.18),可得:

$$L_u^x=\frac{U}{\sigma_u^2}\int_0^\infty R_u(\tau)d\tau \tag{2.19}$$

式中,$R_u(\tau)$为脉动风速u的自相关函数,$R_u(0)=\sigma_u^2$。L_v^x和L_ω^x可同理推导得出。

根据定义湍流积分尺度是与湍流空间性相关的参数,湍流积分尺度的分析计算结果主要由其所采用实测数据的记录长度及记录平稳程度决定,由于采用的现场测量记录长度和平稳度的不定性,最终的结果很离散。因此,最理想的研究方法是直接从其定义式入手,在空间上进行不同位置同步实测,通过式(2.18)便可直接计算。但是在观测实践中,风场空间上不同位置同步实测的实现难度很大。因此,风工程的实测一般总是根据"泰勒"假设,减小难易度、复杂性,用单点位置测量替代多点位置测量,这样便可以利用自相关函数替代互相关函数。应用式(2.19)计算,当自相关函数的系数较小时,"泰勒"假设引起的误差可能增大,因此Flay[51]等认为若要使计算结果最佳,式(2.19)的积分上限宜取$R_u(\tau)=0.05$。

在欧美及其他各国的规范中,较多地使用各种经验公式计算湍流积分尺度,例如:

日本规范[52]

$$L_u=100(Z/30)^{0.5} \tag{2.20}$$

欧洲规范[53]

$$L_u=300(Z/300)^{0.46+\ln Z_0} \tag{2.21}$$

Counihan的经验公式[42]

$$L_u=cZ^m \tag{2.22}$$

2.2.4　脉动风速功率谱

脉动风速谱是湍流风能量在频率带上的分布特征,而湍流能量来源于低频的大旋涡区,耗散于高频的小旋涡区,中间区域称为惯性子区,其中湍流能量的产生与消散平衡,并且湍流能量谱与其产生和消散的过程不具有相关性。由于台风产生机理的特殊性,其湍流特性与常态风不相同。台风湍流特性是台风影响地区建筑结构抗风设计的重要元素,已有一些风工程研究学者认为台风的纵向脉动风速功率谱比较符合 Von Karman 风速谱。

另外,脉动风速谱反映了脉动风速变化的频率特征,而频率分布特征是动力荷载的一个重要特征,直接影响建筑结构的动力效应。基于 Kolmogrove(公式)理论,各国研究学者相继提出了各种不同的脉动风速功率谱的表达式,其中具有代表性的且被不同的国家纳入风荷载规范的脉动风速功率谱有 Davenport 风速谱、Simiu 风速谱、Von Karman 风速谱和 Kaimal 风速谱等,这些脉动风速功率谱具备一些共同的函数特征,只是由于分析总结时应用不同实测数据,最终得到了相异的经验谱表达式。下面说明上述4种脉动风速功率谱表达式及其特征:

2.2.4.1 Davenport脉动风速功率谱

Davenport[9]最早于1961年提出了其风速功率谱表达通式,形式如下:

$$\frac{nS_u(n)}{kU(z)^2}=f\left(\frac{nL}{U(z)}\right) \tag{2.23}$$

式中,$S_u(n)$为脉动风速功率谱,k为地面粗糙度,f为函数表达式,$U(z)$为z高度处的平均风速,n为脉动风频率(Hz),L为湍流积分尺度。

根据对世界各地的不同高度得到的大量强风实测记录的分析,Davenport 假设水平脉动湍流积分尺度L沿高度不变,且取定值1200m,并根据脉动风速功率谱为不同高度处实测值的平均值,总结得到经验表达式如下:

$$\frac{nS_u(n)}{U_{10}^2}=\frac{4kx^2}{\left(1+x^2\right)^{\frac{4}{3}}} \tag{2.24}$$

式中,$x=1200\frac{n}{U_{10}}$,U_{10}为标准高度10m处的平均风速(m/s),其余符号含义同式(2.23)。

Davenport 风速谱是标准高度10m处的脉动风速功率谱,其湍流积分尺度不随高度变化而采用定值，所以与实际状态相比，在低频段的频谱取值偏小，而在高频段的频谱取值偏大。

2.2.4.2　Simiu脉动风速功率谱

Simiu提出的脉动风速功率谱[12]分为两段，其经验公式如：

$$S_u(z,n) = 200u_*^{\ 2}\frac{f}{n(1+50f)^{5/3}} \tag{2.25}$$

式中，

$$f = \frac{zn}{U_{10}\left(\frac{z}{10}\right)^2} \tag{2.26}$$

当$f > 0.2$时：

$$S_u(z,n) = 0.26u_*^2\frac{1}{nf^{\frac{2}{3}}} \tag{2.27}$$

$u_*^2 = \sigma_u^2/6$，u_*为纵向剪切速度，其余符号含义同式(2-23)。

2.2.4.3　Von Karman脉动风速功率谱

根据湍流各向同性假设，冯·卡门于1948年提出其风速谱的经验公式，Von Karman风速谱[8]可表示为：

$$\frac{nS_u(z,n)}{\sigma_u^2(z)} = \frac{4f}{(1+70.8f^2)^{5/6}} \tag{2.28}$$

式中，$f = \dfrac{nL_u(z)}{U_z}$，$L_u(z) = 100\left(\dfrac{z}{30}\right)^{0.5}$为纵向湍流积分尺度计算式，其余符号含义同式(2-23)。

2.2.4.4　Kaimal脉动风速功率谱

Kaimal提出的风速功率谱[11]的数学表达式为：

$$S_u(z,n) = 200u_*^2\frac{x}{n(1+50x)^{5/3}} \tag{2.29}$$

式中，$x=\frac{nz}{U_z}$，U_z为z高度处的平均风速，$u_*^2=\sigma_u^2/6$。

由以上4种脉动风速功率谱可知，Davenport谱是标准高度10m处的脉动风速功率谱，将它应用于边界层全高度不可避免会产生误差；Simiu、Von Karman和Kaimal的脉动风速功率谱由于考虑了边界层中湍流积分尺度随高度的变化，因而更加切合工程实际。

如果湍流符合各向同性假设，则横向脉动风速功率谱与纵向脉动风速功率谱关系如下：

$$S_v(n)=\frac{1}{2}\left(S_u(n)-\frac{ndS_u(n)}{dn}\right) \tag{2.30}$$

根据纵向Von Karman脉动风速功率谱表达式，由于假设湍流各向同性，有$\sigma_u^2=\sigma_v^2, L_u^x=L_v^x$，则可推导出横向Von Karman脉动风速功率谱表达式为：

$$\frac{fS_v(f)}{\sigma_v^2}=\frac{4L_v f/U\left[1+755.2\left(L_v f/U\right)^2\right]}{\left[1+283.2\left(L_v f/U\right)^2\right]^{11/6}} \tag{2.31}$$

根据纵向Simiu脉动风速功率谱，可推导出横向Simiu脉动风速功率谱为：

$$\frac{nS_v(z,n)}{\sigma_v^2(z)}=\frac{15f}{\left(1+9.5f\right)^{5/3}} \tag{2.32}$$

我国和加拿大的国家规范主要采用了Davenport脉动风速功率谱，美国和欧洲规范采用Simiu脉动风速功率谱，而日本和澳洲国家规范采用了Von Karman脉动风速功率谱。

本书实测数据样本分析中主要讨论并应用Von Karman谱和Simiu谱，将其作为对比的脉动风速功率谱。

2.3 风效应基本理论

2.3.1 结构模态参数

结构模态参数（频率、振型和阻尼）是决定建筑结构本身动力特性的基本参数，具有简单明了、直观清晰的物理特征。如果已知结构的模态参数，即可在其之上建立起结构模态动力学模型，据此可计算建筑结构在外加荷载作用下的动力响应，以及进行结构动力安全校核甚至结构模型修改。

因此，如何正确和方便地识别土木工程结构的模态参数，是进行建筑结构动态分析的基础。本小节主要进行土木工程结构模态参数识别理论的介绍及其比较选择研究，以应用于工程实际分析，具有实践价值。

一般建筑结构振动问题，由荷载激励（输入）、建筑结构（系统）和结构响应（输出）组成，对应不同的已知条件和运算结果的研究，可以划分为下列两大类。

第一类，已知激励和振动结构，计算振动响应，称之为结构动力响应分析。相对来说，这是研究得最为广泛、成熟的一类，根据已知的动力载荷，简化建筑结构振动方程，获得数学方程模型，求解得到振动结构的运动参数。第二类，根据系统的输入和输出信号，分析系统的特性或者寻求系统的各类相关特性参数。根据实测得到结构激励和响应数据，获得表现系统特性的数学模型，即是系统识别。如果已经构建系统模型（或已作假设），用实测获得的实验数据分析描述系统特性，从而获得各种动力特性参数，称之为参数识别，模态参数识别就是其中的一种。

而模态分析是以振动理论为基础求取模态参数的方法。更进一步，模态分析就是研究系统物理参数、模态参数和非参数三者模型之间关系的学科。其实质就是一种坐标（转换）变换过程，目的就是把物理坐标系统中的向量转换到模态坐标中。结果模态坐标每个基础向量成为振动系统的一个特征向量。这种坐标变换使得方程组得到解耦，振动微分方程组分解成以模态坐标及模态参数表达的独立方程，容易求解模态参数，这种简化方法对于受力复杂的大型结构振动分析特别有效。

由于模态分析技术研究方法和手段的差别，模态分析可细分为理论模态分析与试验模态分析。

理论模态分析，是以结构动力学定常理论为基础，研究系统、激励、响应三者之间的关系的方法。所以，理论模态分析实质是构建理论模型行为，属于结构动力学的正向问题。它主要运用有限元法对振动结构进行网格分割,建立系统特征值问题的数学模型,应用合适数值方法估算系统特征值和特征向量,即系统的模态参数,然后根据模态叠加法,在承受外荷已知条件下求解结构的动力响应。

试验模态分析,即模态分析的实验解法,通过试验构建计算模型,属于求解结构动力学的反向过程,是目前在工程实践中普遍使用的方法。其使用前提是通过试验实测获取建筑结构的激励和响应时程,运用数学变换处理数据求得频响函数(频域处理法)或脉冲响应函数(时域处理法),进而得到系统的计算模型。然后运用模态参数识别方法,求得系统模态参数。假如需要,可以继续求解系统的其他物理参数。总之,试验模态分析方法应用理论分析结合现场实验获取系统的模态参数(振型、频率、阻尼),其基本工作原理为仅根据单点的频响函数便可得到主导模态的频率和阻尼,但要得到其对应的模态完整振型,必须依靠一点激励多点响应或多点激励一点的各种响应。试验模态分析综合运用振动理论以及动态测试技术、数字信号处理和参数识别方法等实验手段,是本章重点讨论的问题[54]。

模态参数识别是试验模态分析的主要内容之一,其识别法包含传统的结构模态参数识别方法以及环境激励下的结构模态参数识别方法。

2.3.2 土木工程结构模态参数识别

2.3.2.1 传统模态参数识别方法

传统模态参数识别法主要采用人工激励、并利用激励及响应信号进行模态参数辨识。条件不同,识别方法不同:由于计算对象的目标差异,识别方法有物理参数识别法、模态参数识别法和非参数识别法;由于求解对象的维度差异,识别方法有单自由度方法和多自由度方法;由于激励及响应的数目差异,识别方法有单入单出识别法、单入多出识别法和多入多出识别法;由于采用的领域差异,识别方法有频域法、时域法和时频法。

理论上需要通过激振和采集信号并进行分析处理以建立频响函数。而作为关键因素的激振器必须具备如下条件:①能够反映结构自身特性的所有各阶自振频率得到充分激励;②其他无关振动对结构激励效果的影响可以忽略(激振器是唯一动力源)。对于实验室或机械行业的小型结构,可以使用激励能量较小的激振设备(如力锤)。对于大型工程结构,小型激振器无能为力,必须使用在土木工程领域广泛应用的大型激振器。

综上所述,需要人工激励的传统模态识别方法有着不可避免的缺点:需要昂贵、复杂的激振设备以及采集分析处理仪器。由于结构规模宏大,激振设备和激振力相应必须大型化,从而导致成本升高,且激振力过大必将给结构造成不可逆的损伤。另外为了进行试验,还可能需要暂停结构使用功能。

2.3.2.2　环境激励模态参数识别方法

由于土木建筑结构具有结构尺寸庞大、造型复杂多变、易受环境影响、自振频率偏低等特点,很难进行人工激励的实验,这导致传统模态参数识别方法在实践中的应用局限性变得突出。

环境激励模态参数识别方法的特点就是利用自然振动,仅根据系统的输出响应即可辨识结构的模态参数。对于土木工程结构,这样便可避免使用昂贵的激励设备,还简化了现场实验条件,提高了数据质量,降低了实测成本并能使建筑结构发挥正常的使用功能。由于其是处于真实使用状态下的测量,因而结果更加精准可信。因此,相对于传统模态参数识别方法,其具有简单、安全、精确、省时、省费,不影响使用功能且贴近真实状态等显著优点。

环境激励下的振动试验,由于仅测量结构振动的响应数据而没有具备激励数据,故不能求解频率响应函数或脉冲响应函数。而自然环境激励下获得的结构振动响应现场实测数据,具有随机性强、数据量大、振幅值小和边界条件变化敏感的特点,给结构的系统及参数识别带来了很大的难度与挑战。如何选用创新性的识别技术,成为各种工程结构中系统与参数识别领域的重点难点,目前相关的研究课题项目非常活跃。环境激励下的结构模态参数识别方法具有很高的实用价值,在土木、机械、航海、航空、航天等各个领域的应用十分广泛。

基于自然振动环境激励下结构的模态参数识别在土木工程结构中的应用,是本书第7章研究的重点。

2.4 模态识别研究方法

频域识别法、时域识别法和时频识别法是结构模态识别的基本方法，ERA 法[55]、NExT-ERA 法[56]和 AR 法[57]是本章讨论较多且使用较多的方法。而时域识别法中的 RDT-STD、NExT-ERA 是本书第 7 章应用的主要方法。

2.4.1 频域识别方法

试验模态参数的频域识别方法[58]，是指在频率域层面上基于频率响应函数(传递函数)辨识试验结构模态参数的方法。自从傅里叶变换问世，频域识别方法的研究与应用便开始了，初始的频域识别法是图解法。在相邻模态互相耦合较小的情况下，从实测数据经数据处理及傅里叶变换获得频响函数模态参数方程并将其作为计算数学模型，实测频响函数的质量是最关键的因素，关乎模态参数计算精度。利用最小二乘原理进行曲线拟合的模态参数频域识别方法有很多种，如正交多项式法、导纳圆拟合法和频域加权最小乘法等。

频域识别方法具有许多优点，最典型的优点首先是直观、明了，从处理实测数据后得到的频响函数曲线上就可直接观测到模态参数的分布及其估计值；其次是噪声影响小，应用频域平均处理技术获取实测频响函数，最大限度地抑制了无关噪声的干扰，使模态定阶问题相对容易解决。

模态参数的频域识别法归类于传统的模态参数识别方法，其缺点一是容易功率泄露、频率混叠和加窗容易遭受能量损失，二是时域和频域局部化矛盾导致信号难以分析，三是使用迭代法求解非线性参数时，初值选择不当容易产生不收敛现象。

2.4.2 时域识别方法

试验模态参数的时域识别方法[58]，是指在时间域层面上识别试验结构模态参数的方法。时域识别方法的研究与应用比频域方法要晚,它是20世纪70年代随着计算机快速发展而创立的一门新技术。时域识别法采用结构振动响应的时程进行模态参数识别,相对于大型复杂结构,它不需要已知原始激励的初始条件,且容易测量响应数据。直接利用环境激励下的结构响应数据进行模态参数识别的方法,由于其更加简化的特性,各个相关研究领域都给予它高度重视,该方法应该预处理结构响应数据,比如应用随机减量法从原始结构响应信号中提取自由振动衰减的信号数据,应用EMD法对原始结构响应信号进行去趋势项重构,从而成为时域法辨识模态参数所需要的输入数据。

目前模态参数时域识别方法具代表性的主要有ITD法(Ibrahim时域法)、Prony法(复指数法)、ERA法(特征系统实现法)、ARMA(模型时序分析法)等。

模态参数时域识别方法的主要优点是可以只使用实测的响应信号,无须将测试信号在时域与频域之间转换处理,因而避免了由FFT变换而产生能量泄露、导致旁瓣、分辨率降低等不利因素对辨识精度的影响。而且还可以利用该方法对在线结构进行参数识别。这种在真实运行状态下进行识别获得的参数无疑贴近了结构的真正动态特性。由于时域法参数识别技术仅需要响应信号的时程,不需要激励设备及输入信号,测试时间与成本费用都得到了明显的缩减。其缺点则是未能使用平均技术,噪声干扰严重,所识别的模态中包含系统模态和干扰模态。如何甄别真实模态和剔除虚假模态,合理地选择识别方法,确定模态阶数和计算相关参数,则是时域法今后仍要面对的重要研究课题。

2.4.2.1 随机减量法(RDT)

如果环境激励为随机激振,则从结构随机响应信号中提取自由衰减信号的方法称随机减量法[58,59]。对于一个单自由度体系,随机减量技术的物理意义为系统响应由初始位移引起的响应、初始速度引起的响应和随机激振引起的强迫振动响应组成。

如图2.3所示,如果选取某个固定位移值X_t(其值在0至最大振幅之间)

截取总响应曲线，以它与总响应曲线的交点为起始时刻，就会得到M个以X_t为初始值的响应曲线子样本，在样本数量M足够大的条件下（$M>500$），对其进行平均，得到如下结果：

①M个子样本初始位移响应的平均结果为初始位移X_t的自由振动衰减曲线；

②M个子样本初始速度响应的平均结果为零；

③M个子样本随机激振（平稳高斯过程）引起的强迫振动响应的平均结果为零。

上述部分平均得到的最后结果就是以X_t为初始位移的自由振动衰减曲线。

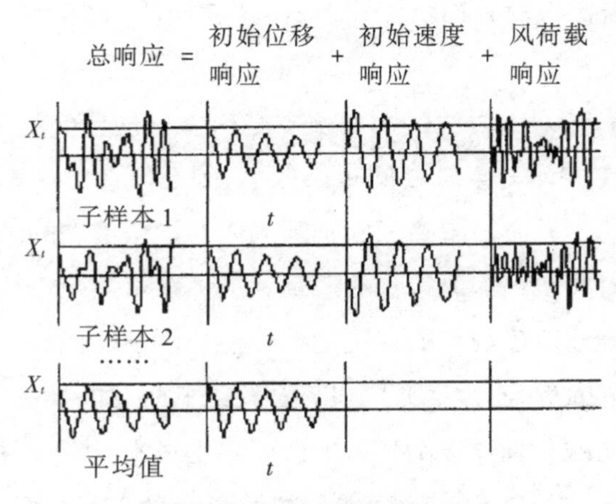

图 2.3　随机减量法技术图

得到自由振动衰减曲线后，相隔N个周期各测一个振幅值A_0和A_N，根据$\xi=\ln\left(A_N/A_0\right)/\left(2\pi N\right)$即可计算出其阻尼比。

因为$\xi_T=\xi_s+\xi_a$，所以气动阻尼比计算值为$\xi_a=\xi_T-\xi_s$。其中，ξ_T、ξ_s和ξ_a分别为总阻尼比、结构阻尼比和气动阻尼比。

2.4.2.2　STD 法

STD 法[58,60,61]是 ITD 法的优化，特点为直接构建 Hessenberg 矩阵，避免用

QR法求解特征值矩阵，精度较高而且节省计算时间。

其基本思想为设Δt为时间间隔，选取$M(=2N)$个包含实际和虚拟的测点，$L(>2N)$个时刻实测数据构成的自由振动响应矩阵有关系式：

$$[\boldsymbol{X}]_{M\times L}=[\boldsymbol{\Phi}]_{M\times M}[\boldsymbol{\Lambda}]_{M\times L} \tag{2.33}$$

取同样M个测点，延时Δt的L个时刻实测数据构成的自由振动延时响应矩阵有关系式：

$$[\tilde{\boldsymbol{X}}]_{M\times L}=[\tilde{\boldsymbol{\Phi}}]_{M\times M}[\tilde{\boldsymbol{\Lambda}}]_{M\times L} \tag{2.34}$$

由上述定义有：

$$\tilde{x}_{i(t_k)}=x_{i(t_k+\Delta t)}=x_{i(t_{k+1})} \tag{2.35}$$

将式(2.33)和式(2.34)的两边同时右乘$[\boldsymbol{\Lambda}]^{-1}$，经整理可得

$$[\boldsymbol{\Phi}]=[\boldsymbol{X}][\boldsymbol{\Lambda}]^{-1} \tag{2.36}$$

$$[\tilde{\boldsymbol{\Phi}}]=[\tilde{\boldsymbol{X}}][\boldsymbol{\Lambda}]^{-1} \tag{2.37}$$

将上述两式一并代入式(2.34)可得

$$[\tilde{\boldsymbol{X}}][\boldsymbol{\Lambda}]^{-1}=[\boldsymbol{X}][\boldsymbol{\Lambda}]^{-1}[\boldsymbol{\alpha}] \tag{2.38}$$

将式(2.38)与式(2.35)进行对比，可以发现$[\tilde{\boldsymbol{X}}]$和$[\boldsymbol{X}]$之间存在特殊关系，即

$$[\tilde{\boldsymbol{X}}]=[\boldsymbol{X}][\boldsymbol{B}] \tag{2.39}$$

根据式(2.35)可以获知$[\boldsymbol{B}]$为仅有一列元素未知的Hessenberg矩阵：

$$[\boldsymbol{B}]=\begin{bmatrix} 0 & 0 & 0 & \cdots & 0 & b_1 \\ 1 & 0 & 0 & \cdots & 0 & b_2 \\ 0 & 1 & 0 & \cdots & 0 & b_3 \\ & \vdots & \vdots & \ddots & \vdots & \vdots \\ 0 & 0 & 0 & \cdots & 1 & b_M \end{bmatrix} \tag{2.40}$$

为求取这列未知元素，根据式(2.39)可知

$$[\boldsymbol{X}]\{b\}=\{\tilde{x}\}_M \tag{2.41}$$

上式左边：$\{b\}=\{b_1,b_2,\cdots,b_{2N}\}^T$；

上式右边：$\{\tilde{x}\}_M$为矩阵$[\tilde{\boldsymbol{X}}]$的第M列元素。

则用伪逆法表示的$\{b\}$最小二乘解如下：

$$\{b\}=\left([X][X]^T\right)^{-1}[X]^T\{\tilde{x}\}_M \tag{2.42}$$

将已知$\{b\}$代入，可得到$[\boldsymbol{B}]$，将式(2.39)代入式(2.38)，整理后可得到

$$[\boldsymbol{B}][\boldsymbol{\Lambda}]^{-1}=[\boldsymbol{\Lambda}]^{-1}[\boldsymbol{\alpha}] \tag{2.43}$$

式(2.43)是一个标准的特征方程。由于矩阵$[\boldsymbol{B}]$的特征值为：

$$e^{s_r\Delta t}\left(r=1,2,\cdots,2N\right)$$

根据式(2.43)可求出结构模态参数中的结构频率和阻尼比。

再根据式

$$\begin{bmatrix} e^{s_1t_1} & e^{s_2t_1} & \cdots & e^{s_{2N}t_1} \\ e^{s_1t_2} & e^{s_2t_2} & \cdots & e^{s_{2N}t_2} \\ \vdots & \vdots & \ddots & \vdots \\ e^{s_1t_L} & e^{s_2t_L} & \cdots & e^{s_{2N}t_L} \end{bmatrix} \begin{Bmatrix} A_{1P} \\ A_{2P} \\ \vdots \\ A_{2NP} \end{Bmatrix} = \begin{Bmatrix} x_{p(t_1)} \\ x_{p(t_2)} \\ \\ x_{p(t_L)} \end{Bmatrix} \tag{2.44}$$

和式

$$[\boldsymbol{V}]_{L\times 2N}\{\varphi\}_{2N\times 1}=\{h\}_{L\times 1} \tag{2.45}$$

即可求解结构的各个振型。

2.4.2.3 特征系统实现算法(ERA)

通过实验获得系统的输入输出关系，并寻找一个能够满足这种输入输出关系的假想模型结构，这个结构就称为系统的一个实现，阶次最低的实现即为最小实现。源自自动控制理论的最小实现理论，最小实现表征着系统的数学模型在实现系统中具有最小状态空间维数。

特征系统实现算法(ERA)[55]的基本思想是以系统的脉冲响应函数为基本模型，构造广义Hankel矩阵，然后对矩阵进行奇异值分解得到系统的最小实现。最后对最小实现的状态矩阵进行特征值分解，得到系统的动力学结构参数。

特征系统实现算法理论推导较为严密，属于目前比较先进的模态参数时域识别方法。其推导过程如下：

设有一个n维线性结构体系，其线性定常离散动力系统有状态方程：

$$\begin{cases} x[k+1] = Ax[k] + Bu[k] \\ y[k] = Cx[k] + Du[k] \end{cases}, k = 1, 2, \cdots \tag{2.46}$$

式中，$x(k)$为状态空间向量，$y(k)$为输出向量，$u(k)$为输入向量$\hat{I}Rm$。$x_{(0)}$是初始状态，$\boldsymbol{A}$、$\boldsymbol{B}$、$\boldsymbol{C}$和$\boldsymbol{D}$分别为状态系数矩阵、控制系数矩阵、观测系数矩阵和输入观测系数矩阵。输出向量$y(k)$可以是运动参数中的一种，当$y(k)$不同的时候，矩阵$\boldsymbol{A}$、$\boldsymbol{B}$可以是不变的，仅矩阵$\boldsymbol{C}$、$\boldsymbol{D}$进行变化。若采用脉冲响应，式(2.46)可以简化为

$$\begin{cases} x[k+1] = \boldsymbol{A}x[k] + \boldsymbol{B}u[k] \\ y[k] = \boldsymbol{C}x[k] \end{cases} \quad k = 1, 2, \cdots \tag{2.47}$$

由Markov参数，亦即系统的脉冲响应，描述的系统为状态矩阵：

$$\boldsymbol{Y}_k = \boldsymbol{C}\boldsymbol{A}^{k-1}\boldsymbol{B} \qquad k = 1, 2, \cdots \tag{2.48}$$

利用$y(k)$构造Hankel分块矩阵：

$$\boldsymbol{H}(k-1) = \begin{bmatrix} Y_k & Y_{k+1} & \cdots & Y_{k+s+1} \\ Y_{k+1} & \ddots & \cdots & Y_{k+s} \\ \vdots & \vdots & \ddots & \vdots \\ Y_{k+r-1} & Y_{k+r} & \cdots & Y_{k+r+s-2} \end{bmatrix}_{qr \times ms} \tag{2.49}$$

式中，r和s为任意正整数。

对$\boldsymbol{H}(0)$进行奇异值分解，得到：

$$\boldsymbol{H}(0) = \boldsymbol{P}_{qr \times ms} \boldsymbol{\Sigma}_{ms \times ms} \boldsymbol{U}_{ms \times ms}^T \tag{2.50}$$

$\boldsymbol{P}$和$\boldsymbol{U}$分别为左、右奇异向量矩阵，Σ为奇异值对角阵：

$$\sum = diag\,(\sigma_1 \sigma_2 \cdots \sigma_r \cdots 0 \cdots) \qquad r < ms \tag{2.51}$$

推导后并与式(2.48)比对，则可得到最小实现矩阵：

$$\boldsymbol{A} = \sum\nolimits_n^{-1/2} \boldsymbol{P}_n^T \boldsymbol{H}(1) \boldsymbol{U}_n \sum\nolimits_n^{-1/2} \tag{2.52}$$

$$\boldsymbol{B} = \sum\nolimits_n^{-1/2} \boldsymbol{U}_n^T \boldsymbol{E}_m \tag{2.53}$$

$$\boldsymbol{C} = \boldsymbol{E}_q^T \boldsymbol{P}_n \sum\nolimits_n^{-1/2} \tag{2.54}$$

求解下列系统状态系数矩阵$\boldsymbol{A}$的特征值和特征向量，即可得到最小实现的结构模态参数：

$$\boldsymbol{A}\boldsymbol{\Psi} = \boldsymbol{\Psi}\boldsymbol{Z} \tag{2.55}$$

由于：

$$Z = diag(z_1, z_2, \cdots z_{2n}), \Psi = (\psi_1 \psi_2 \cdots \psi_{2n}) \tag{2.56}$$

$$\begin{cases} z_{2i-1} = e^{(\lambda_i^R + i\lambda_i^R)\Delta\tau}, \psi_{2i-1} = R + iI_i \\ z_{2i} = e^{(\lambda_i^R - i\lambda_i^R)\Delta\tau}, \psi_{2i} = R - iI_i \end{cases} \quad i = 1, 2, \cdots n \tag{2.57}$$

则结构模态参数中的自然频率w_i和阻尼比ξ_i的表达式为：

$$\omega_i = \sqrt{(\lambda_i^R)^2 + (\lambda_i^I)^2}, \xi_i = \frac{\lambda_i^R}{\omega_i} \tag{2.58}$$

引入模态置信因子MAC作为判断模态真实性指标：

$$MAC_i = \frac{\left|\bar{q}_{ii}^* \hat{q}_i\right|}{\left|\bar{q}_{ii}^* \bar{q}_i\right|^{1/2} \cdot \left|\hat{q}_i^* \hat{q}_i\right|^{1/2}} \tag{2.59}$$

式中，$\hat{q}_i = [b_i^* z_i b_i^* z_i^* b_i^* \cdots z_i^{s-1} b_i^*]$，$[b_1 b_2 \cdots b_n]^* = \psi^{-1} B = \psi^{-1} \Sigma_n^{1/2} U^T E_m$，$[\bar{q}_1 \bar{q}_2 \cdots \bar{q}_n] = (\psi^{-1} \Sigma_{2n}^{1/2} U^T)^*$，上标"*"表示复转置，如果MAC接近1，则是真实的模态；反之，则是虚假模态。

2.4.2.4 自然激励技术(NExT)

自然激励技术(NExT)[56]是一种利用环境激励获得系统响应的有效方法，由美国SADIA国家实验室的James和Carne于1995年提出，它避免了必须以系统脉冲响应作为输入的模态参数识别方法的应用限制问题。该方法的基本思想是，对于多自由度的线性阻尼系统，在激励近似满足理想白噪声的条件下，结构中两点位移响应的相关函数表达式与脉冲响应函数形式相似，它们都能展示成一系列衰减正弦函数的和，固有频率和阻尼比与结构的各阶模态相对应，振型向量也具有相同的位置。求得信号间的互相关函数后，即可运用时域模态参数识别方法辨识系统的结构模态参数，本节应用自然激励技术方法只是对数据进行进一步的预处理。

NExT法的具体计算原理：对自由度为N的线性系统，当系统中的k点受到力$f_k(t)$的激励作用，系统的i点的响应$x_{ik}(t)$为：

$$x_{ik}(t) = \sum_{r=1}^{2N} \varphi_{ir} a_{kr} \int_{-\infty}^{t} e^{\lambda_r(t-p)} f_k(p) dp \tag{2.60}$$

式中，φ_{ir}为i点的r阶模态振型，a_{kr}项为只与激励点k和模态阶次r有关的常数项。

当系统的k点激励力为单位脉冲力时，便得到i点的脉冲响应$h_{ik}(t)$为

$$h_{ik}(t)=\sum_{r=1}^{2N}\varphi_{ir}a_{kr}e^{\lambda_r t} \tag{2.61}$$

当系统k点受到激励力$f_k(t)$的作用，测试系统i点和j点获得的响应分别为$x_{ik}(t)$和$x_{jk}(t)$，则其互相关函数的表达式可写为：

$$R_{ijk}(\tau)=E\left[x_{ik}(t+\tau)x_{jk}(t)\right]$$

$$=\sum_{r=1}^{2N}\sum_{s=1}^{2N}\varphi_{ir}\varphi_{js}a_{kr}a_{ks}\int_{-\infty}^{t}\int_{-\infty}^{t+\tau}e^{\lambda_r(t+\tau-p)}e^{\lambda_s(t-q)}E\left[f_k(p)f_k(q)\right]dpdq \tag{2.62}$$

若激励$f(t)$是理想的白噪声，由其相关的函数定义有：

$$E\left[f_k(p)f_k(q)\right]=a_k\delta(p-q) \tag{2.63}$$

式中，$\delta(p-q)$为脉冲函数，a_k为只与激励点k有关的常数。将(2.63)代入式(2.62)，然后积分即得：

$$R_{ijk}(\tau)=\sum_{r=1}^{2N}\sum_{s=1}^{2N}\varphi_{ir}\varphi_{js}a_{kr}a_{ks}a_k\int_{-\infty}^{t}e^{\lambda_r(t+\tau-p)}e^{\lambda_s(t-p)}dp \tag{2.64}$$

对式(2.64)中的积分部分进行化简计算，可得：

$$-\frac{e^{\lambda_r\tau}}{\lambda_r+\lambda_s}=\int_{-\infty}^{t}e^{\lambda_r(t+\tau-p)}e^{\lambda_s(t-p)}dp \tag{2.65}$$

将式(2.65)代替式(2.64)中相关部分，得到：

$$R_{ijk}(\tau)=\sum_{r=1}^{2N}\sum_{s=1}^{2N}\varphi_{ir}\varphi_{js}a_{kr}a_{ks}a_k\left(-\frac{e^{\lambda_r\tau}}{\lambda_r+\lambda_s}\right) \tag{2.66}$$

经化简整理，即有：

$$R_{ijk}(\tau)=\sum_{r=0}^{2N}b_{jr}\varphi_{ir}e^{\lambda_r\tau} \tag{2.67}$$

式中，

$$b_{jr}=\sum_{s=1}^{2N}\varphi_{js}a_{kr}a_{ks}a_k\left(-\frac{1}{\lambda_r+\lambda_s}\right) \tag{2.68}$$

b_{jr}为只与响应点j和模态阶次r有关的常数项。

将式(2.67)与式(2.61)进行比对，可以发现，线性系统在理想白噪声激励下两点响应的互相关函数和脉冲激励下的脉冲响应的数学函数表达式完

全一致,此时互相关函数具有与系统的脉冲响应相同的特性。因此,模态参数识别中,可以利用互相关函数代替脉冲响应函数,并与其他传统的模态识别方法结合,在环境激励下对结构系统作模态参数识别。

NExT法辨识模态参数,首先是将测试获得的振动响应数据进行互相关计算,互相关函数的计算方法有两种:在时域里采用卷积算法直接计算得到和先计算出实测信号的互功率谱,再经傅里叶逆变换得到。在进行多个测点的模态参数的具体辨识过程中,需要选取响应最小的测点作为参考点,计算其他测点与该参数点的互相关函数。然后将计算获得的互相关函数作为输入数据,应用STD法、ERA法和ARMA模型时序法等传统的时域方法对系统的结构模态进行辨识。NExT法是假设激励为理想白噪声,对环境噪声有相当的抵抗干扰能力,而且互相关函数的计算还采用了统计平均处理方法,信噪比较高。因此,该计算方法及实验设计思路已广泛运用于机械、桥梁、高层建筑、飞机和汽车等结构的模态参数辨识。

2.4.2.5 时间序列自回归预测模型(AR)

时间序列自回归预测模型(AR)[57]是一种实际应用广泛的时间序列模型,具有随机差分方程的形式,可揭示动态数据本身的结构与规律,定量地了解观测数据之间的线性相关性,预测其未来性。该方法的基本思想是首先生成一系列互不相关的脉动风速时程u_j,$j=1,2,\cdots,N$(N是空间点数),然后考虑各个点之间的空间相关性,生成空间相关性风场。

2.5 经验模态分解(EMD)

经验模态分解(EMD)方法[54]自1998年被Huang等学者提出之后,即被称为是对傅里叶变换为基础的线性和稳态频谱分析的重大突破。经验模态分解方法是依据数据自身的时间尺度特征来进行信号分解,无须预先设定任何基函数。本质区别于建立在先验性的谐波基函数上的傅里叶分解和小波基函数上的小波分解方法,EMD方法在理论上可以应用于任何类型信号的分解，因而在分析处理非平稳与非线性振动问题数据信号序列上，具有很高的信噪比，优势非常明显。所以，EMD方法一经提出就在工程实践领域数据预处理方面得到了迅速有效的应用，典型的如土木结构的模态参数识别、地震影响分析、结构振动系统的阻尼比识别等。

EMD方法的关键是通过经验模式分解使原始信号分解为有限个本征模函数（IMF），各IMF分量分别包含了原信号序列在不同时间长度的特征讯息。区别于傅里叶变换、小波分解等方法，EMD方法能够平稳化处理响应数据，而且其基函数是从原始数据本身分解得到，所以该方法具有直观、后验和自适应的特点。

2.5.1 EMD方法优势

对比其他数据信号处理算法，EMD方法拥有诸多优势，主要表现在以下几方面：

2.5.1.1 主成分特性

由EMD方法可以得出其实为主成分分析法，EMD方法的主要目的是获取本征模函数，将组成原始信号的各尺度分量陆续从高频到低频进行提取，能量大的高频分量总是代表了原信号的主要特性，首先被提取，分解得到的特征模态函数按频率由高到低顺序进行排列。

2.5.1.2 自适应特性

EMD方法的基本思想是把复合信号分解组成一组单分量IMF信号的组合，然后对各分量进行希尔伯特变换[62,63]，得到瞬时特征量并变换到时-频平面以获得希尔伯特谱。本质上，EMD方法等同于定义了一组含有自适应分解特性的广义基函数，属于在信号处理领域对基函数的一种创新。这种函数非预先强制给定，只与信号本质特征相关，可为适应分解过程中信号特征变化而改变，因而EMD方法具有自适应时频分析特征。

2.5.1.3 局瞬特性

希尔伯特变换是EMD方法中数学模型的核心内容,其目的是得到单分量信号的瞬时频率,着重信号的局瞬特性,从根本上避免了傅里叶变换利用固定频率拟合原始信号而出现虚假频率的现象。

EMD方法将信号分解成有限个IMF的单分量信号组合,完全不同于利用相位求导获取频率的经典时频分析方法,定义了信号瞬时频率的物理模型,并对不同成分信号的瞬时频率进行了精确的描述。所以,EMD方法对分析时变非线性非平稳信号亦具有明显的效果,表征局瞬特性能力显著。

2.5.2 EMD方法本质特性

EMD是一种基于经验的分解方法,其算法是从实验获得的,还未拥有严密的数学逻辑推导证明。其发明者Huang等以均匀分布的白噪声为信号,用实验方法对EMD及其IMF分量进行了分析研究。研究成果揭示了EMD的两个重要本质。

其一,EMD的二进滤波器作用。EMD首先分解的第一个最高频率段分量IMF1,中心频率为f_1。由白噪声性质分析可知第二个分量分析频率是第一个的1/2,即$f_2 = f_1/2$,依此类推,这便是EMD的二进滤波器作用。

其二,频率确定的自适应性。在频率分析分解过程中,所有频率段的中心频率都和IMF1的中心频率f_1相关,而这个中心频率不是由人为因素决定,而是由信号本身的最高频率自动确定f_1的取值。另外,EMD的自适应性不仅对于第一阶IMF分量分解,而对于所有的IMF分解。当原始信号中没有该频率成分时,则下一阶的IMF中心频率就由低于该频率的实际频率确定。

综上所述,经验模态分解(EMD)的本质为具有二进滤波功效的自适应滤波器,这是本节使用最频繁、最重要的数据预处理方法。

2.6　本章小结

本章根据风切变理论得到边界层风速两种经验模型——指数模型和对数模型，并列举了基本风速、平均风速及风向、脉动风速等风场基本参数及衍生的湍流强度、阵风因子、峰值因子、湍流积分尺度等其他湍流特性参数的物理意义和计算公式，最后介绍了在各个国家规范中得到广泛应用的几种脉动风速功率谱模型及本书使用的风效应经验公式。

通过上述理论模型和方法，后面几章对实测台风“菲特”“莫拉克”“潭美”“灿鸿”“杜鹃”“凤凰”“尼伯特”及“玛莉亚”等进行了个别分析和集中对比研究（第3、4、5、6章），总结得出其平均风速及风向、脉动风速、湍流强度、阵风因子、峰值因子、湍流积分尺度、风廓线、边界层等风场的特征规律，为本书后续的模态参数、结构表面风压及结构气动耦合特性的研究（第7、8章）打下了基础。相关的论文见文献143。

第3章 高层建筑风场特性实测分析

3.1 引　言

由于台风的特殊性，目前还不能进行完全的实验室模拟，因而开展现场实测获取数据已经成为研究台风特性的一种主要方法，也成为结构抗风研究中非常重要的基础性和长期性的工作[40]。

由于现场实测的费用大、周期长、难度高、偶然性强等诸多因素的约束，尽管人们在台风实测方面做了许多努力，积累了丰富的数据库资料和取得了较多研究成果，如顾明等[64,65]基于上海环球金融中心大楼实测数据，得出湍流强度和阵风因子随平均风速变化规律及实测脉动风速功率谱的特性。Li et al.[66,67]对台风下超高层建筑的风场和风效应特性进行了实测分析，李正农等[68,69]对于风场特性及其与结构风压和结构加速度响应状况进行了计算分析，但人们对台风风场特性的认识却还远未深刻，对其作用机理的基础理论研究仍显不足[40]。特别是台风在中国沿海河口城市登陆或受其外围影响的情况较为普遍，然而在实践层面对此进行的研究过程却很繁杂，实例亦很匮乏，所以在台风影响下于高层建筑上进行现场实测以获得中国东南沿海城市上空台风风场特性具有理论上的价值和现实应用的意义。

本章实验对强台风“菲特”作用下温州华盟商务广场顶部强风特性进行了全程监测记录，获得了168m高度处的风速、风向实测数据。在此基础上对台风过程中的风场特性参数（湍流强度、阵风因子、峰值因子、湍流积分尺度、脉动风速功率谱等）进行了分析研究，得出其在特定结构条件和地理环境下的部分变化规律。

3.2　台风“菲特”及风速实测概况

2013年第23号热带风暴“菲特”（Fitow）于9月30日20时在菲律宾以东洋面生成，10月1日17时在西北太平洋洋面上加强为强热带风暴，10月3日凌晨加强为台风，4日下午加强为强台风。2013年10月7日凌晨1时15分，强台风“菲特”在浙闽交界处的沙埕镇登陆，登陆时中心附近最大风力有14级（42m/s），其中心距离实测建筑的距离为95km。笔者实测的数据如下：登陆前约4h出现的最大瞬时风速是37.2m/s，登陆时10min平均风速最大值为19.15m/s。

温州华盟商务广场位于温州市火车站前商业区，距东海直线距离约20km，该建筑为40层办公楼，结构高度为168m，周围密布多层住宅，且有少量的高层商业建筑，远处（距离12km）存在一些高度可达700m的山峰，使得华盟商务广场的近地地理环境比较复杂，如图3.1（a）所示。

本次实测时，在温州华盟商务广场大楼顶部的正方形直升机停机坪东北角和东南角设置了两台R.M. Young05103型机械风速仪，如图3.1（b）所示。其风速、风向角测量范围分别为0～60m/s、0～360dg，精确度为±0.3m/s、±3dg，采样频率为25.6Hz，风速仪离地高度约为176m。风向角按俯视顺时针方向递增，以北向为0dg，东向为90dg，其他风向以此类推。本次实测使用优泰UT33数据采集系统收集数据。通过数据采集系统将二维瞬时风速、风向数据实时存储于PC机中，实现长时间不间断的风速、风向观测记录。

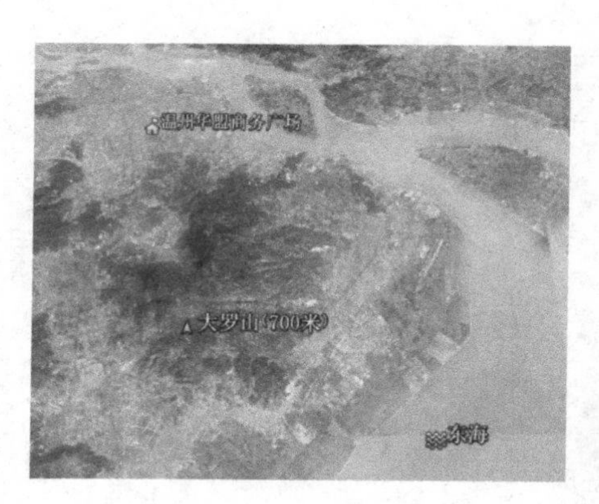

(a) 实验楼及其周边地形

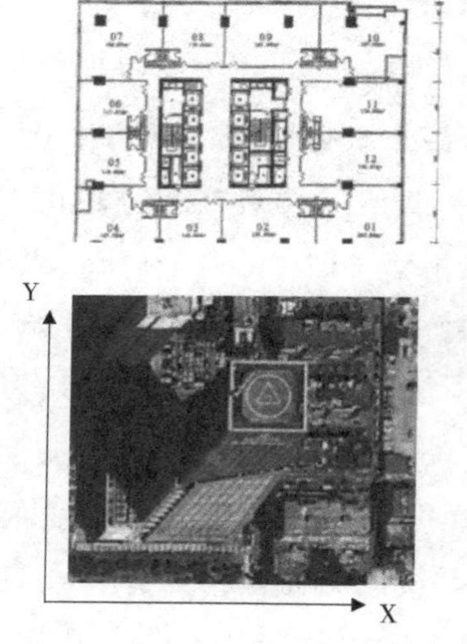

(b) 实验楼楼层平面及屋顶平面

图 3.1 实验楼情况

3.3 实测脉动风特性分析

3.3.1 平均风速和风向

实测从该台风的7级风圈影响温州开始至台风登陆后风速降低到7级风为止(2013年10月6日13时~10月7日11时)。在布置于华盟商务广场顶部东南角风速仪记录的实测风速数据中,本节选取风速风向时程中的一个时段作为研究样本，记录时长为100min，此时段为台风登陆前40min、登陆10min及登陆后50min，风速相对较大，如图3.2所示为风速和风向随时间变化的时程。

按照我国规范，以10min为基本时距将数据进行分割，共有10个子样本，其中10min平均最大风速达到19.15m/s。如图3.3(a)、图3.3(b)、图3.3(c)所示分别为样本的10min平均风速和平均风向随时间变化图，以及平均风速随风向变化的分布图。由图3.3(a)可知，随着台风中心逐渐靠近温州，平均风速逐渐加大，至登陆时达到最大，然后是较为快速的下降过程；而图3.3(b)、图3.3(c)结果则表明，风向角缓慢增加，基本符合台风登陆过程风向的变化规律。

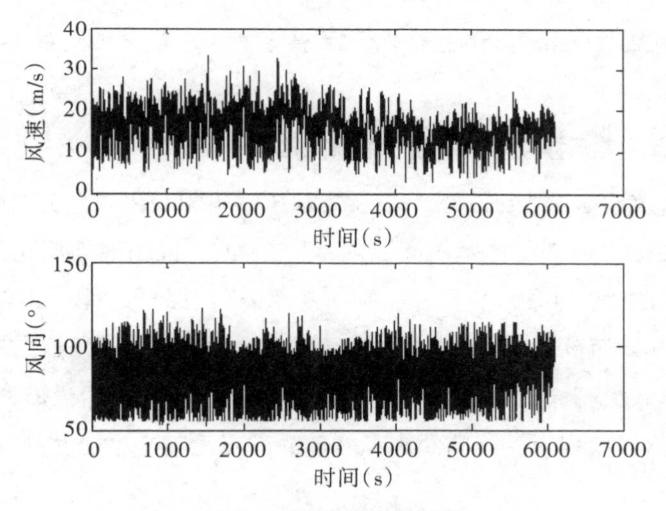

图3.2　风速、风向角时程

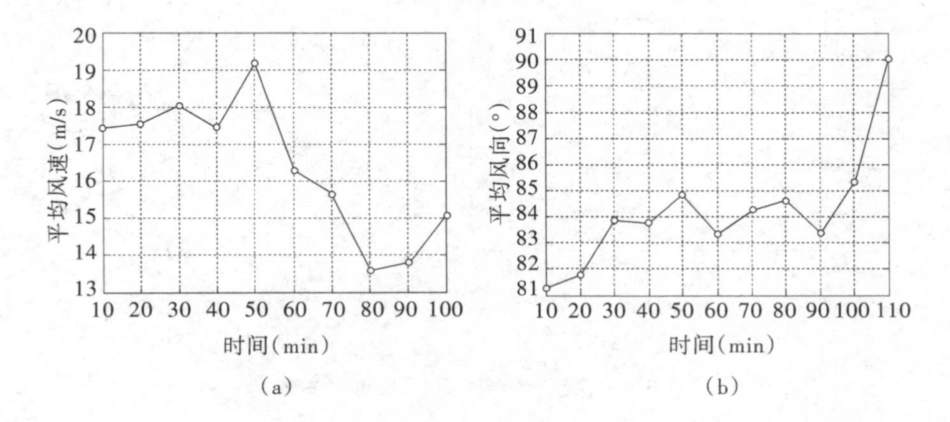

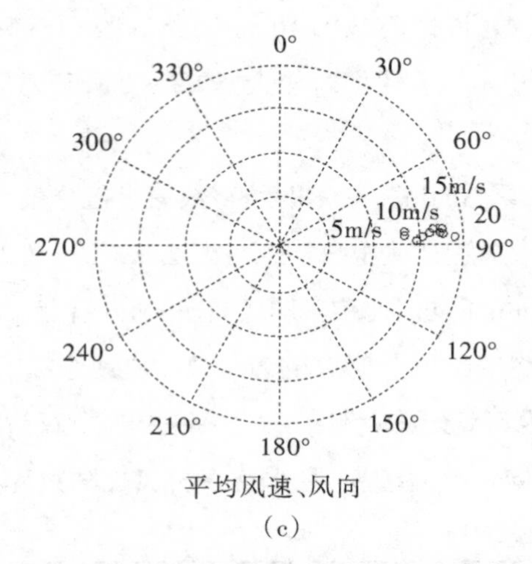

(c)

图 3.3　10min 平均风速和平均风向角时程、平均风速和风向角分布

3.3.2　湍流强度、阵风因子和峰值因子与平均风速关系

图 3.4 表现了湍流强度的时程及其与风向角的变化关系。由图 3.4 的结果表明，在选用的实测样本时间段内，纵向湍流强度随时间变化而变化，其数值基本在 0.20 ~ 0.22 之间变动，唯有台风登陆前夕有个较大的突变，这是由于台风初始登陆时，强度较大，而且温州华盟商务广场又处于东南沿海丘陵地区，其来流湍流受周边复杂的地形地貌影响，从而产生激烈的脉动特性而导致湍流强度变大。横向湍流强度随时间变化而产生的变动基本在 0.14

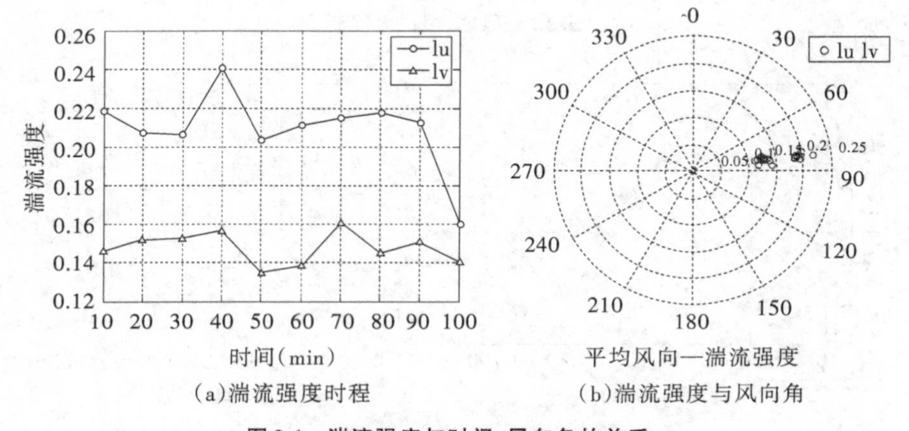

(a)湍流强度时程　　(b)湍流强度与风向角

图 3.4　湍流强度与时间、风向角的关系

~0.16之间，比较稳定。纵向、横向的湍流强度均值分别为0.21、0.15。图3.5表现了纵、横向湍流强度与其风场10min平均风速之间的变化关系，从中可以发现平均风速的变化对各向湍流强度产生了影响，即*X*、*Y*向湍流强度随平均风速增大而均有明显的减弱趋势。

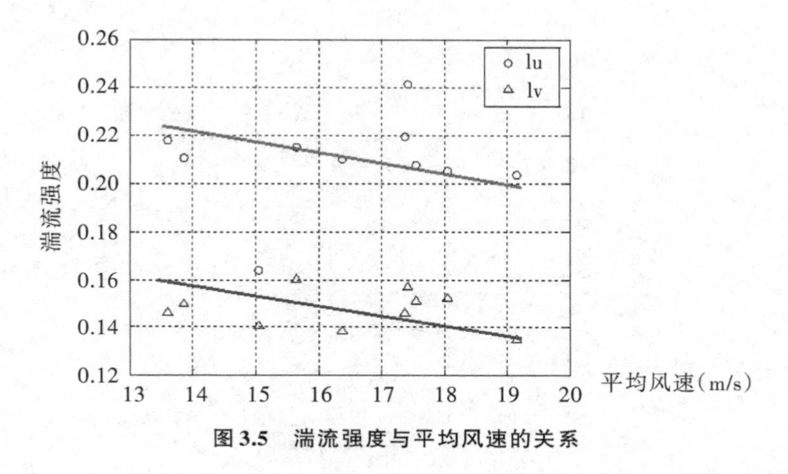

图3.5 湍流强度与平均风速的关系

在选取样本进行计算时，阵风持续时间t_g确定为3s。图3.6表现了纵、横向阵风因子与平均风速之间的变化关系，纵向、横向阵风因子的平均值分别为1.48、0.35，这与文献65、69、26的测算结果有一定差距。其原因主要是本节所研究的台风风场和周边环境及地貌较为复杂，而且位处城市中心区域，风场受地面粗糙度干扰比较大。从图3.6中可以发现纵、横向阵风因子随10min平均风速的增大而有略微减小的趋势。

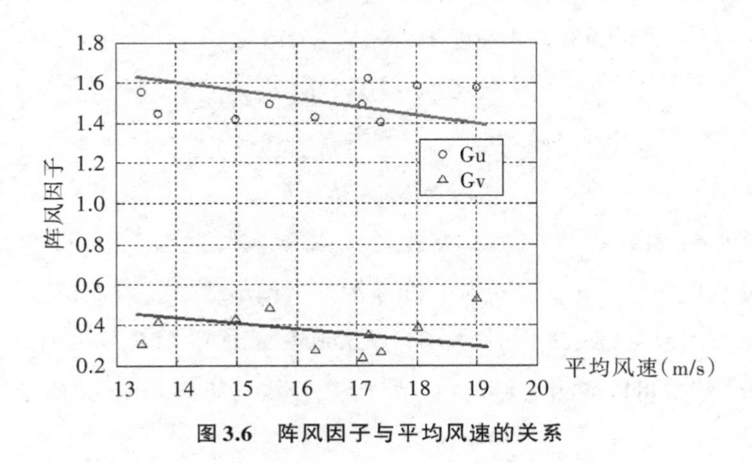

图3.6 阵风因子与平均风速的关系

图 3.7 表现了当阵风持续时间为 3s 时，峰值因子随 10min 平均风速的变化关系。从中可以看出，峰值因子随 10min 平均风速增加而沿水平直线上下波动，趋势较为离散。峰值因子最小值为 1.96，最大值为 2.87，均值为 2.35，这与文献 26 数值有所不同，前者取值较后者偏小，与规范取值比较吻合。

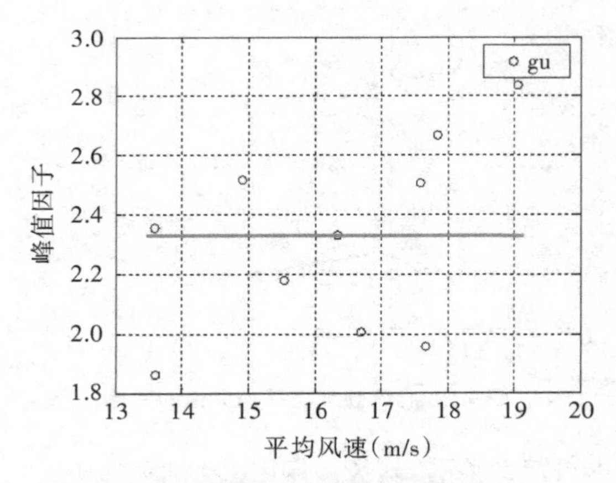

图 3.7　峰值因子与平均风速的关系

3.3.3　脉动风各参数的相互关系

脉动风各参数的关系，尤其是阵风因子和湍流强度的相互关系一直是风工程中的持续热门研究领域，并有普遍认同的经验曲线。Ishizaki[70] 和 Choi[71] 均利用原型实测数据分析总结了纵向阵风因子和相应方向湍流强度之间关系的经验曲线，其非线性拟合表达式如下：

$$G_u = 1 + aI_u^b \ln\left(T/t_g\right) \tag{3.1}$$

Li et al. 也进行了线性拟合，有如下表达式：

$$G_u = aI_u + b \tag{3.2}$$

本节基于台风“菲特”实测数据样本，对纵向阵风因子和同风向湍流强度之间关系进行了形式如式(3.1)非线性拟合和形式如式(3.2)的线性拟合，得到非线性拟合值 a、b 分别为 0.3226、0.8059，而线性拟合结果为直线 $G_u = 1.8439I_u + 1.0984$，实测值、拟合直线、拟合曲线的结果如图 3.8 所示。由图

3.8可知，纵向阵风因子随同向湍流强度的增大而增大，拟合的曲线与直线非常接近，而Ishizaki和Choi的经验公式取值均偏大较多，可能与文献71中描述的是100m高度以下风场的经验公式有关；与文献65、26在环球金融中心顶部得到的经验公式结果比较接近，特别与文献26的同为台风下研究结果更加相似，可能与文献65使用的是良态风数据有关，所以结果稍微有所区别。

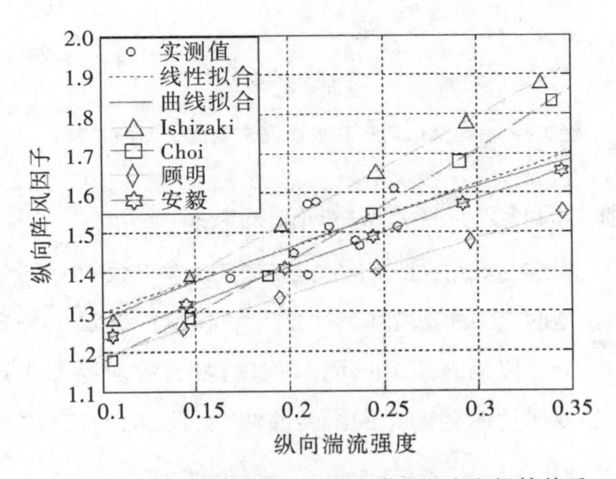

图3.8　纵向阵风因子和纵向湍流强度之间的关系

同时，本节还对横向阵风因子和同方向的湍流强度之间的关系进行了形式为 $G_v = aI_v^b \ln(T/t_g)$ 最小二乘非线性拟合，拟合结果 a 和 b 分别取值0.3456和0.8598，线性拟合经验公式则为 $G_v = 1.9943I_v + 0.0590$，实测值、线性拟合、非线性拟合曲线的结果如图3.9所示。由图3.9可知，拟合曲线与文献65、26的结果亦比较接近。

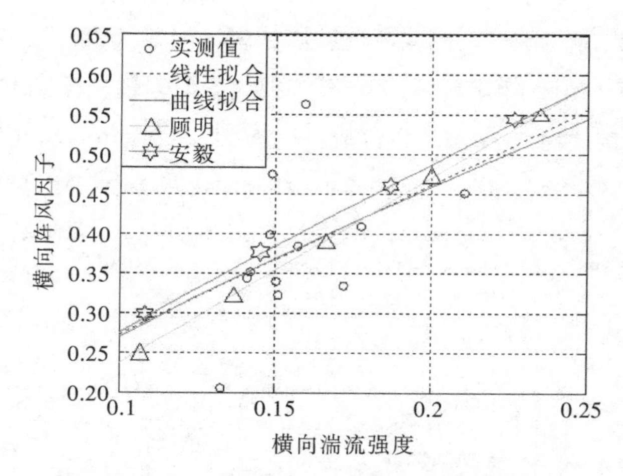

图3.9　横向阵风因子和横向湍流强度之间的关系

3.3.4　脉动风参数与阵风持续时间的关系

当选定了长时距，脉动风的湍流强度、阵风因子和峰值因子等各参数在阵风持续时间t（短时距）的取值亦随之变化。在这一领域已经有相当多的研究成果，如Durst[72]和Krayer, Marshall[73]根据各自的现场实测数据分别给出了纵向湍流强度随短时距变化的经验曲线，文献26、74、75亦提出了自己的观点。

特定短时距的纵向湍流强度的表达式为：

$$SD_u(T,t)=\sqrt{\sum_{i=1}^{n}u'^2_i(t)/(N-1)}/U(T) \tag{3.3}$$

式中，u'_i为纵向湍流脉动风速。

计算阵风因子和峰值因子公式(2.10)、(2.11)、(2.14)、(2.15)与上式一样，长时距T均取1h，短时距t为变量。

为比较研究脉动风特性在台风登陆前中后过程的随短时距变化规律，本节选取12h实测数据按照台风“菲特”登陆浙闽沿海的过程分成登陆前、登陆中和登陆后3个时段，即1～3h，4h，5～12h。这3个时段均为台风的7级风圈覆盖温州的时段，再每个时段按照一小时分割，一共12个样本，然后按照变化短时距进行处理分析，并与Durst经验曲线进行比对，得到的结果如图3.10～3.12所示。

由图3.10～3.12可以总结得出：

(1)湍流强度、阵风因子和峰值因子均随阵风持续时间(短时距)的增加而减小，且减小速率逐渐减缓，但具体情况各自不同：

①登陆中纵风向湍流强度、登陆后的纵风向平均湍流强度变化都较平稳，登陆中纵风向湍流强度在20s处下穿登陆后的纵风向平均湍流强度曲线而渐趋平缓，登陆前纵风向平均湍流强度小时距段变化速率较小，与前两者相似，而在20s处下降速率明显加大，与在大时距段数值形成明显反差；登陆前、登陆中、登陆后的横风向平均湍流强度变化较相似，均比较平缓，登陆后横风向平均湍流强度的值较其他两者有明显的差别，大近一倍。

②登陆中、登陆后的纵风向平均阵风因子变化相似，均比较平稳，登陆前纵风向平均阵风因子变化速率较大，在25s处下穿登陆后的纵风向平均阵风因子曲线而渐趋平缓，数值较小；登陆中、登陆前横风向平均阵风因子虽然在20s处形成交叉，但它们总体变化相似，而登陆前横风向平均阵风因子与它们有明显的差异，数值较大。

③登陆中、登陆后平均峰值因子变化趋势相似，变化曲率亦基本相同，其中登陆后的平均峰值因子的变化速率最为平缓；登陆前峰值因子前段与前两者相同，在25s处下穿登陆后的峰值因子，变化曲率明显加大。

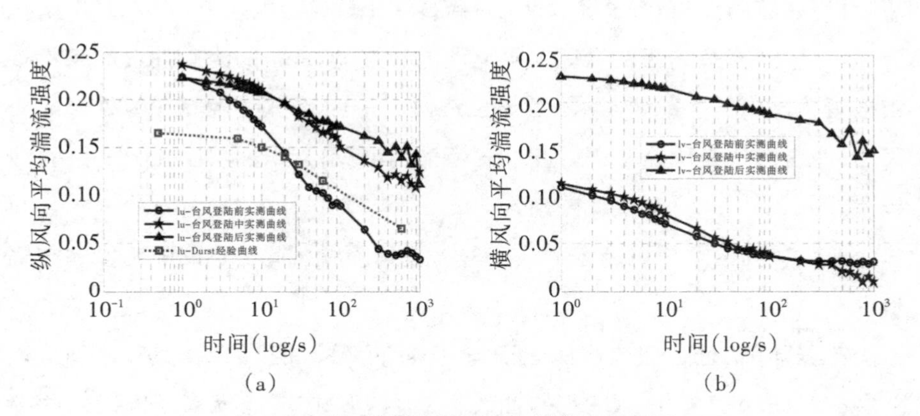

(a)　　(b)

图3.10　纵、横风向平均湍流强度变时距图

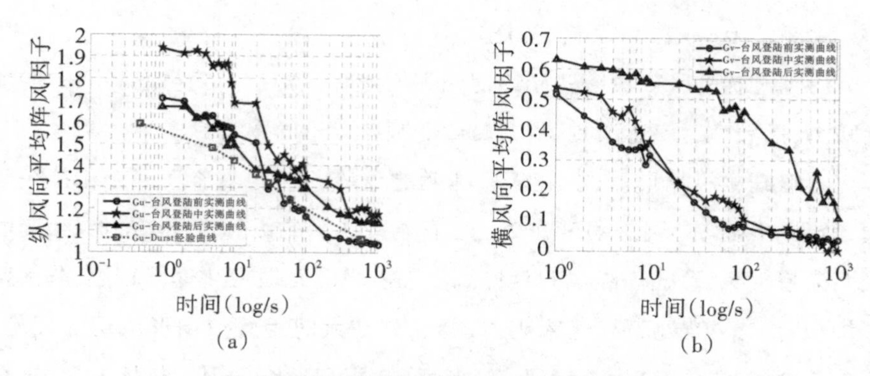

图 3.11　纵、横风向平均阵风因子变时距图

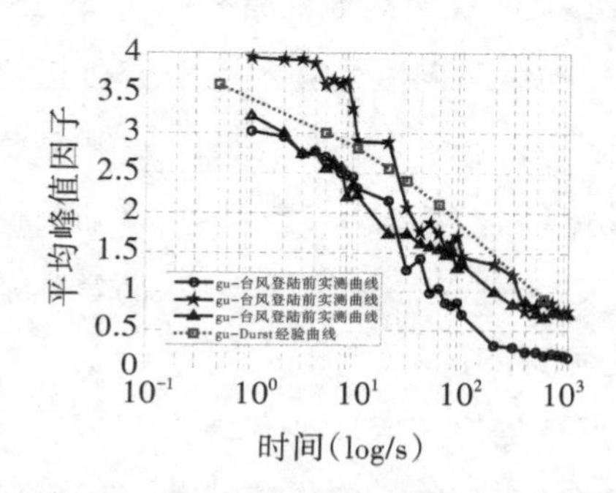

图 3.12　纵风向平均峰值因子变时距图

(2)实测曲线与Durst经验曲线的结果相比,其特点如下:

①登陆中、登陆后的纵风向平均湍流强度与Durst的经验曲线曲率均相当接近,登陆前的纵风向平均湍流强度与Durst的经验曲线在20s处形成交叉后,两者曲率有明显不同。它们三者的小时距段取值均比Durst的经验曲线大。

②纵风向平均阵风因子的结果与①提到的纵风向平均湍流强度的结果基本相似。

③登陆前、登陆后的峰值因子与Durst的经验曲线曲率均基本相似,登陆中的峰值因子与Durst的经验曲线在20s处形成交叉,两者小时距段曲率稍有不同。它们三者的大时距段取值均比Durst的经验曲线小。

综合图3.10~3.12可以发现,实测变时距曲线带有很多锯齿,与Durst的光滑曲线形成明显对比,究其原因主要是它们样本数量的差别。

3.3.5　湍流积分尺度

湍流积分尺度是与脉动速度有关的涡旋平均尺度的度量，也是风场特性的一个重要参数，其与离地高度和地面粗糙度有关。本节利用Taylor假设自相关函数积分法进行了计算，积分上限取到自相关系数下降到0.05的点，得到纵、横向湍流积分尺度Lu、Lv平均数值分别为552m和211m，纵、横向湍流积分尺度与时间及平均风速的关系如图3.13、图3.14所示。由图3.14可知，湍流积分尺度随着平均风速的增加具有略微下降的趋势，而且变化速率相对比较平缓。

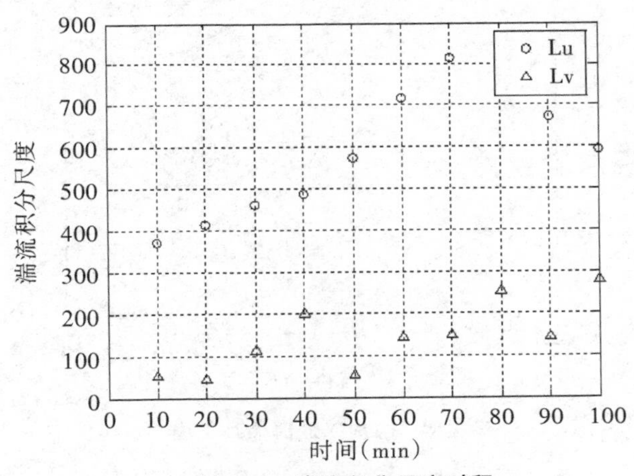

图3.13　湍流积分尺度时程

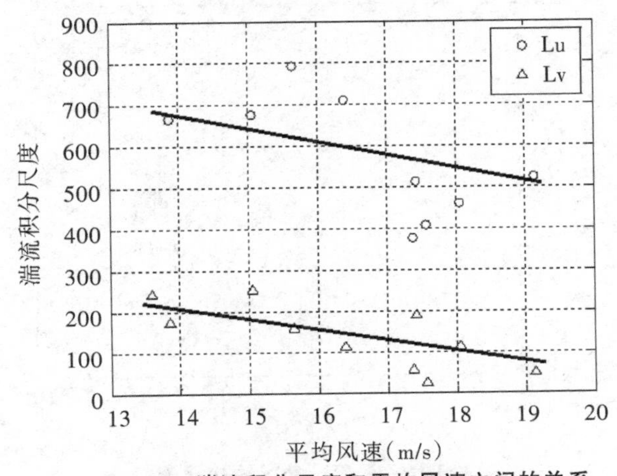

图3.14　湍流积分尺度和平均风速之间的关系

3.3.6 脉动风速功率谱密度函数

脉动风速功率谱密度函数 $S_i(i=u,v)$ 用来描述脉动风的特性，其在频域上的分布描述湍流动能在不同尺度水平上的能量分布比例。由图3.15可知，纵向实测谱与Von Karman谱在低频段有部分基本相符，在高频段却不相符。由图3.16可知，横向实测谱与Von Karman谱在低频段比较接近，在高频段却相差较大，在谱峰处对应的频率数值基本相同。

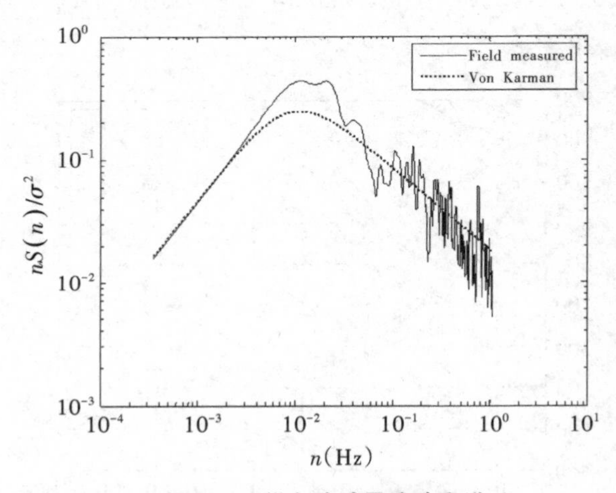

图3.15 纵向脉动风速功率谱

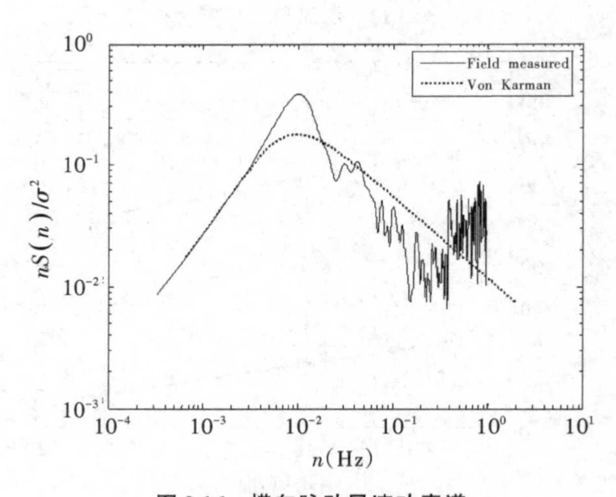

图3.16 横向脉动风速功率谱

3.4　本章小结

基于台风“菲特”影响下的温州华盟商务广场顶部高空风场特性实测数据样本的综合分析处理，得到以下结论：

（1）纵、横向湍流强度和阵风因子随着平均风速的增加而有下降的趋势，而峰值因子变化趋势则不太明显，较为离散；纵向、横向湍流强度实测均值分别为0.21、0.15，纵向、横向阵风因子实测均值分别为1.48、0.35，纵向峰值因子实测均值为2.35。

（2）阵风因子和湍流强度具有较为明显的线性正相关的关系。对纵向阵风因子与纵向湍流强度的关系进行了形式如$G_u=1+aI_u^b\ln(T/t_g)$和$G_u=aI_u+b$的拟合，a、b的拟合值分别为0.3226、0.8059和1.8439、1.0984；对横向阵风因子与横向湍流强度的关系进行了形式如$G_v=aI_v^b\ln(T/t_g)$和$G_v=aI_v+b$的拟合，a、b的拟合值分别为0.3456、0.8598和1.9943、0.0590，拟合曲线均与文献65、26的结果比较接近。

（3）随着阵风持续时间的增大，湍流强度、阵风因子和峰值因子取值均随之减小，且减小速率逐渐变缓；台风登陆中、登陆后的湍流强度和阵风因子的值在低时距时段与登陆前的均值相接近，大时距时段则远大于登陆前的均值；台风登陆前、登陆中、登陆后的峰值因子的变化基本相似，其中登陆后的峰值因子的变化速率最为平缓；台风登陆后的湍流强度、阵风因子和峰值因子的变化曲率与Durst的经验曲线均较为类似。

（4）湍流积分尺度随着平均风速的增加虽略有下降但变化速率不大，纵、横向湍流积分尺度实测平均值分别为552m和211m。

（5）在脉动风速功率谱中，纵向实测谱与Von Karman谱在低频段有部分基本相符，在高频段却不相符；横向实测谱与Von Karman谱在低频段比较接近，在高频段却相差较大，在谱峰处对应的横坐标频率数值基本相同。

相关的论文见文献33和文献75。

第4章 多台风下高层建筑风场特征对比分析

4.1 引 言

2012～2016年是西太平洋热带气旋形成较多的5年,共形成132个热带气旋,影响中国的或在沿海登陆的达到了53个,数量较往年增加,强度亦较往年增强,我国东濒太平洋的东南沿海地区首当其冲。由于登陆的台风是一种破坏力特别强的灾难性气候,所以进行台风特性包括风场分布特征及其演变的对比研究和综合分析,对于工程设计中的动力环境参数的选取及抗灾减灾均有着积极的社会、经济意义和学术价值。对于风场特性的研究,国内的研究者已取得不菲的成绩。

肖仪清等[76]基于4个台风过程中的长时间序列风速、风方向观测数据,分析研究了近地台风的湍流积分尺度和脉动风速谱等脉动特性。李宏海等[77]基于台风"Damrey"的实测数据,对二维台风的风场特性,主要是湍流强度、湍流积分长度和脉动风速功率谱进行了分析。宋丽莉等[78]在数据可靠性、代表性判别基础上,采用谱分析、数值模拟和统计等方法,重点分析了台风"鹦鹉"的强风时段的平均风速和风向特征、湍流强度、湍流积分尺度、湍流功率能谱、空间相关系数和相干函数等。

史文海等[79]基于台风“海鸥”“凤凰”“蔷薇”和“莫拉克”的近地面风场和台风“凡亚比”“鲇鱼”和“狮子山”的超高空风场实测资料，进行了近地面和超高空台风风场不同平均时距（3s、1min、10min和60min）台风湍流特性的对比分析，研究了边界层台风风场的湍流特性及其与平均时距的关系。王旭等[80]对台风“梅花”影响下的平均风速与风向、阵风因子随阵风持续时距的变化、脉动风速分量的概率分布及其相关性进行了分析。罗叠峰等[81]基于实测风场数据，统计了3幢相邻高层建筑顶部的平均风特性和脉动风特性参数，探讨了分别位于3幢建筑顶端的3个测点的脉动风速之间的空间相关系数和相关函数。王磊等[82]对典型风速的风速时程、湍流强度、阵风因子、风速功率谱和概率密度分布特性等方面进行了对比分析。

虽然关于风场特性的研究已经颇多，但本节从实验楼特定的地理环境出发，对既有的实测数据进行整理分析、综合对比，以期能够得到比较新颖而且相对全面的结论。

4.2 台风简介和实测概况

4.2.1 台风简介

本章选择2012~2015年期间对实验楼有较大影响的6个台风，概况如下：

2013年第7号热带风暴“苏力”于7月8日8时在西太平洋面上生成，至7月13日16时在福建北部连江县登陆，中心最大风力达12级，35m/s。

2013年第12号热带风暴“潭美”于8月18日11时在台湾东南部洋面上生成，至8月22日1时在福建中部平潭县登陆，中心最大风力有12级，35m/s。

2014年第10号热带风暴“麦德姆”于7月18日2时在西太平洋面上生成，至8月23日15时在福建中部平潭县登陆，中心最大风力达12级，33m/s。

2014年第16号热带风暴“凤凰”于9月18日2时在西太平洋面上生成，

擦温州北上，至9月22日12时在浙江中部象山县登陆，中心最大风力达10级，25m/s。

2015年第9号热带风暴“灿鸿”于6月30日在太平洋面生成，经较长时间移动，于7月11日17时在浙江省舟山朱家尖登陆，中心最大风力有14级，45m/s，之后继续北上。实验楼较长时间位于该台风7级风圈内，距离台风中心最近约为200km。

2015年第21号热带风暴“杜鹃”于9月23日凌晨在西太平洋面生成，并于29日夜里9时在福建中部登陆，中心最大风力达12级，33m/s。温州市区受其7级风圈影响，风力较大。

各个台风途经路线如图4.1所示。

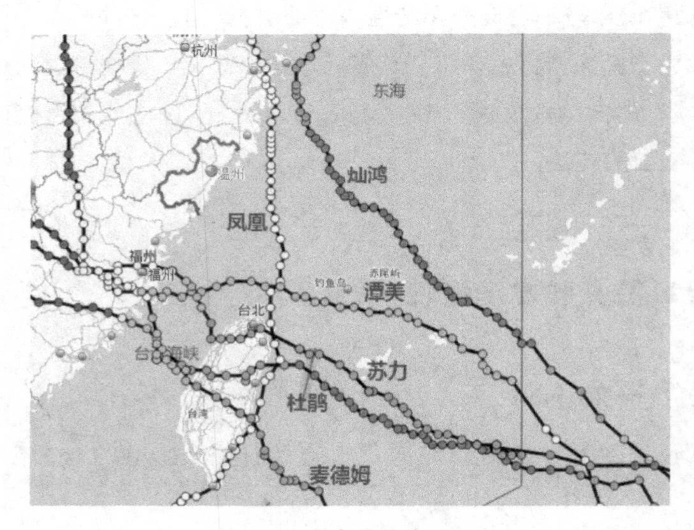

图4.1　台风路线图

4.2.2　实测过程

观测环境与图3.1一样，风场观测点均为温州华盟商务广场顶楼观测点，相关实测概况与3.2节基本相同。

4.2.3　研究方法

应用第2章既有的理论方法，选择应用广泛的经验公式或规范取值，对平均风速风向、湍流强度、阵风因子、峰值因子、湍流积分尺度和风速功率谱等进行进一步的综合对比分析，可以得出在相同环境条件下各个台风风场的各参数更为全面、深刻的典型特征。

4.3 平均风特性对比分析

4.3.1 风速、风向(风剖面)

由于台风并非正面登陆温州，所以其对实验楼影响的范围只是在7级风圈内、10级风圈外，在本节选取的样本时段里，10min平均风速的范围在7～17m/s。由表4.1可以得出，最大瞬时速度：最大平均风速（10min）约等于2∶1；由图4.2可知，在台风登陆或其最大风速影响实验楼之前的一段时间内，各台风风向都具有缓慢变化或者基本不变的特点。

表4.1 风速、风向

台风	最小风速（m/s）	最大风速（m/s）	平均风速（m/s）	最大瞬时风速（m/s）	平均风向角（°）
“麦德姆”	9.4	13.2	12.2	25.8	130
“灿鸿”	7	12.8	9.3	24.8	310
“凤凰”	7.2	8.8	8.0	18.8	155
“潭美”	9.0	15.84	12.2	30.2	80
“杜鹃”	11.9	14.8	13.7	23.2	52
“苏力”	9.4	16.6	12.7	24.4	301

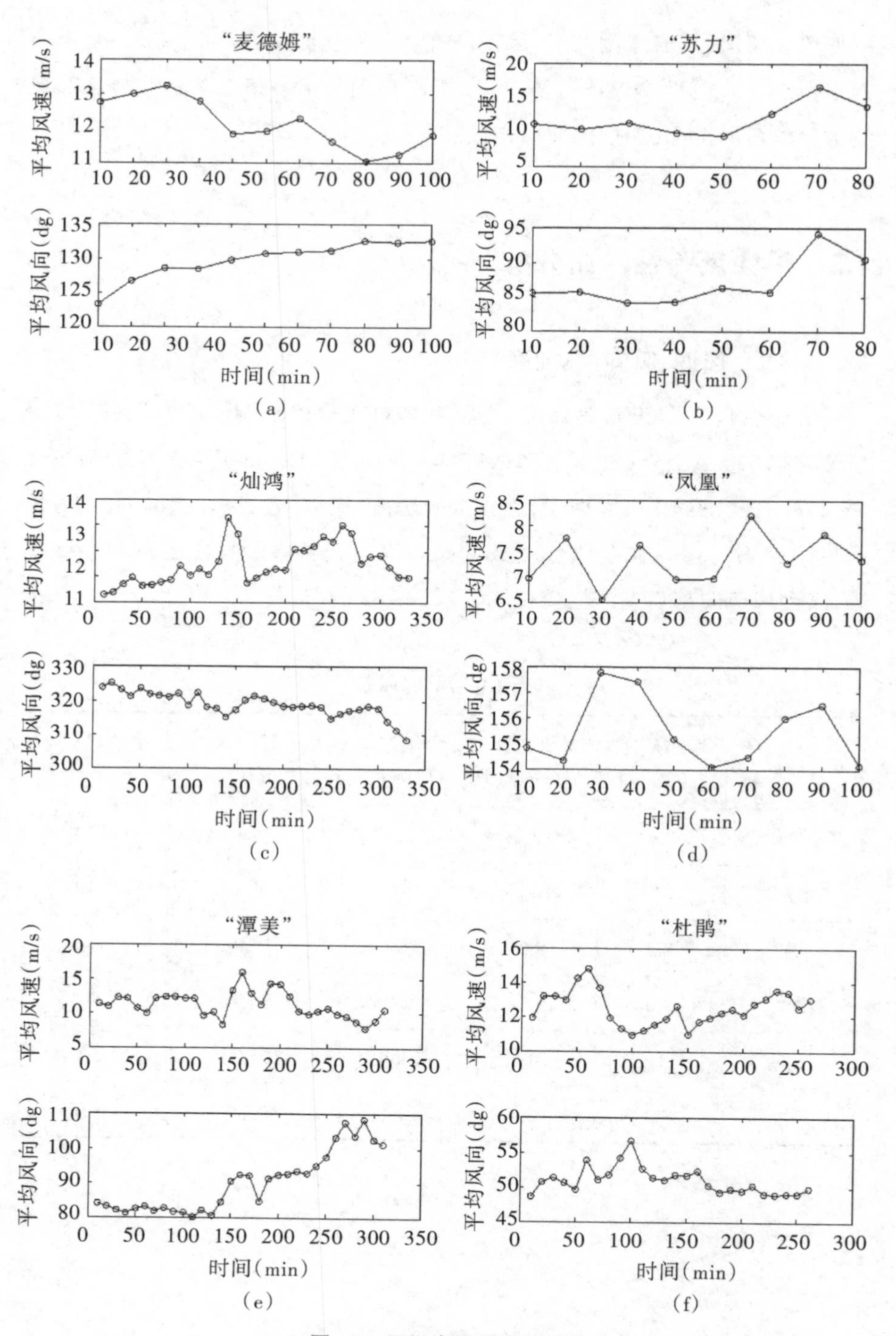

图 4.2　不同台风风速风向时程

4.3.2　不同时距平均风速

当前在世界各国，甚至是同一国家的不同部门，所采用平均风速的时距标准并不一致。例如，美国、澳洲、印度取3s，加拿大取3600s，欧洲、中国、日本、俄罗斯取600s，英国根据建筑物或构件的尺寸不同，时距分别取3s、5s和15s，因而得到的平均风速结果相差极大。本节在实验楼顶部实测的各个台风在不同时距下最大平均风速与600s最大平均风速比值结果如表4.2所示。

由表4.2可以发现，由于是在高空气流条件下，平均风速随时距的变化不如近地气流的变化那么剧烈，但也有一定的变化幅度。

①在整体变化规律方面，"潭美""杜鹃""苏力"与文献83的结果相当接近，而"麦德姆""灿鸿""凤凰"则高出20%～30%，由此可知后3个台风风场脉动更加强烈。

②1h时距平均风速变化剧烈程度各不同，"杜鹃""麦德姆"与文献83的结果比较接近，"潭美""苏力"较文献79小15%；结合表4.1和表4.2可以发现，平均风速越小，不同时距平均风速变化就越激烈，而且比值相差就越悬殊。

表4.2　不同时距最大平均风速与600s最大平均风速比值

台风\时距	3600s	600s	300s	120s	60s	30s	20s	10s	5s	3s	1s
"麦德姆"	0.94	1	1.06	1.19	1.35	1.39	1.43	1.53	1.58	1.61	1.71
"灿鸿"	0.83	1	1.04	1.20	1.39	1.41	1.44	1.59	1.69	1.78	1.86
"凤凰"	0.87	1	1.02	1.07	1.25	1.41	1.57	1.67	1.80	1.85	1.95
"潭美"	0.75	1	1.02	1.06	1.10	1.24	1.30	1.37	1.40	1.44	1.46
"杜鹃"	0.91	1	1.05	1.11	1.12	1.22	1.22	1.29	1.38	1.38	1.46
"苏力"	0.71	1	1.02	1.15	1.21	1.25	1.25	1.34	1.36	1.40	1.43
平均	0.84	1	1.04	1.13	1.24	1.32	1.37	1.46	1.53	1.58	1.64
文献83	0.94	1	1.07	1.16	1.20	1.26	1.28	1.35	1.39	—	1.50
文献79	0.86	1	—	—	1.12	—	—	—	—	1.30	—

4.4 湍流强度对比分析

4.4.1 湍流强度

根据各个国家的规范与标准[84]，由通用公式

$$I_u(z)=c(Z/10)^{-d} \tag{4.1}$$

计算实验楼建筑顶部高空的湍流强度，数值如表4.3所示：

表4.3 168m高空各国顺风向湍流强度

粗糙度类别	美国(1h)	澳大利亚(1h)	加拿大(1h)	日本(10min)	欧洲(10min)
A	0.279	0.191	0.225	0.129	0.190
C	0.124	0.115	0.135	0.114	0.121

I_u平均值的取值范围为[0.255，0.545]，I_v的平均值取值范围为[0.166，0.320]，与各国的规范取值相比，实测湍流强度普遍偏大。经分析，该偏差可能是由实验楼所处特定的复杂地理环境造成的，也有可能是各国规范的取值偏低，或者以往实测的采样频率比较低、不够精确所导致。

如表4.4所示，根据实测的6个台风的综合平均，可以得出：$I_u:I_v$的取值在[1:0.521，1:0.729]区间，均值为$I_u:I_v$=[1:0.609]，略小于Solari et al.[85]的经验公式的结果[1:0.75]，表明台风实测的横风向湍流强度相对强度较Solari et al.的实验结果平均小20%。

表4.4 湍流强度

台风	湍流强度I_u平均值(最小/最大)	湍流强度I_v平均值(最小/最大)	$I_u:I_v$
"麦德姆"	0.300(0.240/0.412)	0.166(0.150/0.219)	1:0.553
"灿鸿"	0.474(0.355/0.631)	0.285(0.235/0.369)	1:0.601
"凤凰"	0.451(0.360/.582)	0.320(0.268/0.416)	1:0.710
"潭美"	0.545(0.449/0.720)	0.284(0.227/0.403)	1:0.521

续表

台风	湍流强度I_u平均值(最小/最大)	湍流强度I_v平均值(最小/最大)	I_u:I_v
"杜鹃"	0.255(0.240/0.292)	0.186(0.174/0.223)	1:0.729
"苏力"	0.463(0.220/0.574)	0.250(0.182/0.314)	1:0.540

4.4.2　湍流强度与平均风速

由图4.3可以得出：顺、横风向湍流强度随10min平均风速增加而呈明显减弱的趋势，但各个台风在湍流强度减小的速率方面，横方向较顺方向缓慢，其中台风"麦德姆"在横方向湍流强度随10min平均风速增加而呈基本稳定的趋势。

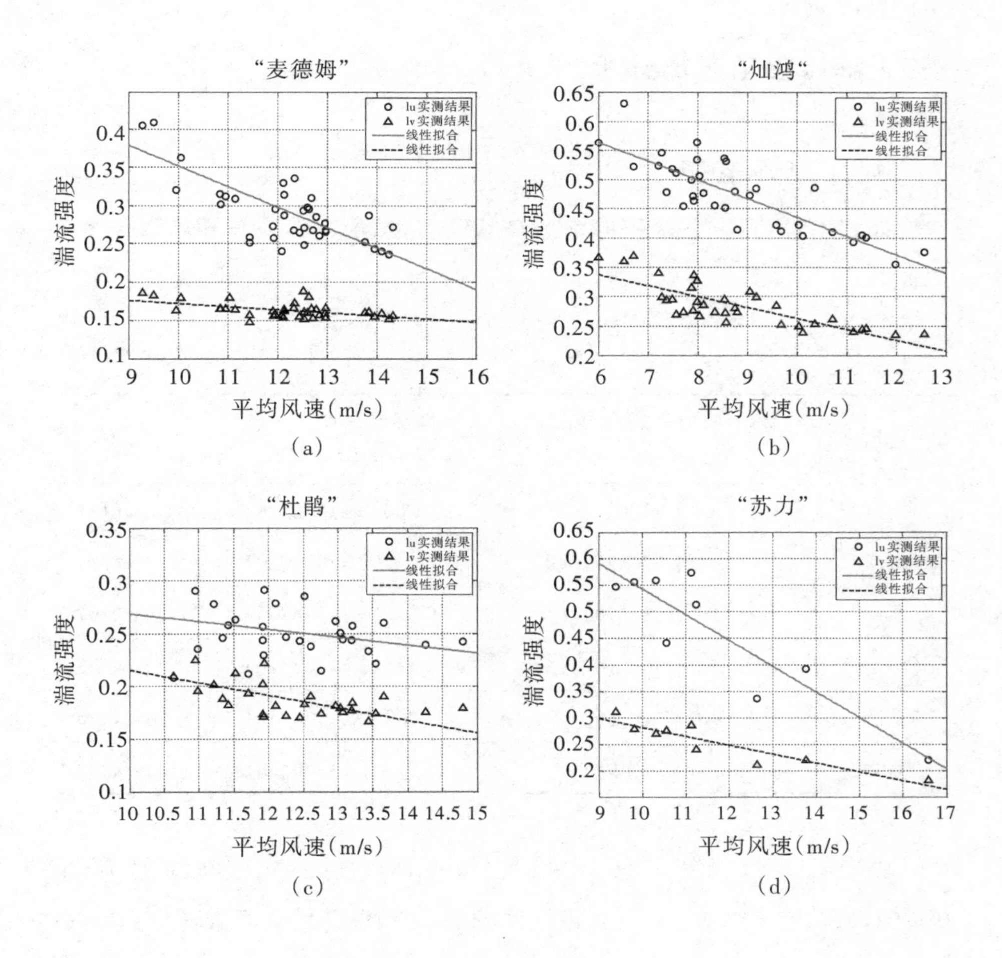

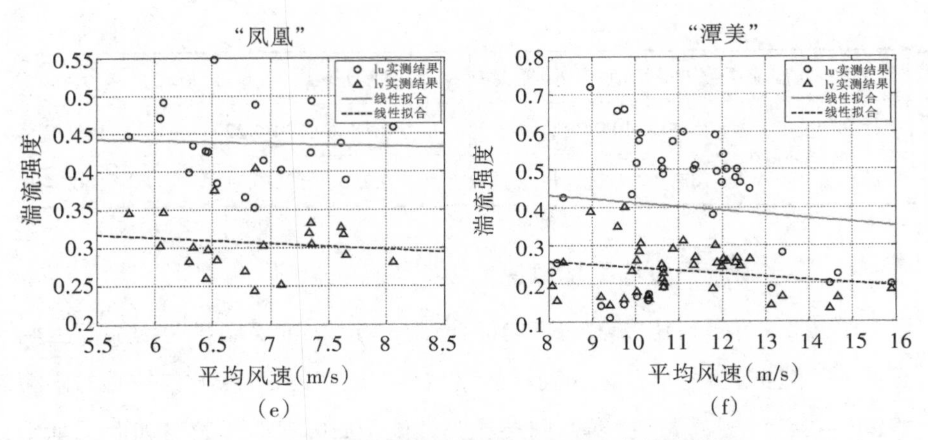

图4.3 不同台风湍流强度随平均风速变化综合对比

4.5 阵风因子对比分析

4.5.1 阵风因子

如表4.5所示为各个不同台风在顺风向、横风向的实测阵风因子及其比值。

表4.5 阵风因子

台风	阵风因子G_u平均值（最小/最大）	阵风因子G_v平均值（最小/最大）	$G_u:G_v$
“麦德姆”	1.53(1.32/2.01)	0.200(0.115/0.675)	1:0.131
“灿鸿”	1.95(1.67/2.38)	0.547(0.350/1.020)	1:0.281
“凤凰”	1.89(1.65/2.18)	0.505(0.285/0.766)	1:0.267
“潭美”	1.86(1.60/2.10)	0.434(0.344/0.576)	1:0.233
“杜鹃”	1.38(1.31/1.46)	0.298(0.206/0.452)	1:0.216
“苏力”	1.74(1.39/1.98)	0.398(0.237/0.556)	1:0.229

由表4.5可以得出：$G_u:G_v$的取值在[1:0.131，1:0.281]区间，均值为[1:0.226]，其均方差为0.118，可见离散度较小，计算结果精确度较高。

G_u的取值在[1.31,2.38]区间，均值为1.73，与Durst的经验取值[84] $G_{V-Durst}$=1.759相比，非常接近；但与美国规范[84]取值 G_{V-Code}=1.533相比，实测值偏大13%，可见Durst经验结论可以应用于沿海高层建筑的设计。

4.5.2　阵风因子与平均风速

由图4.4可以得出：在风速变化的范围内，顺风向阵风因子随10min平均风速增加而减小；风速<10m/s时，横风向阵风因子随10min平均风速增加略有减小，风速>10m/s时，横风向阵风因子随10min平均风速增加基本保持稳定。各个台风均呈相同的变化趋势。

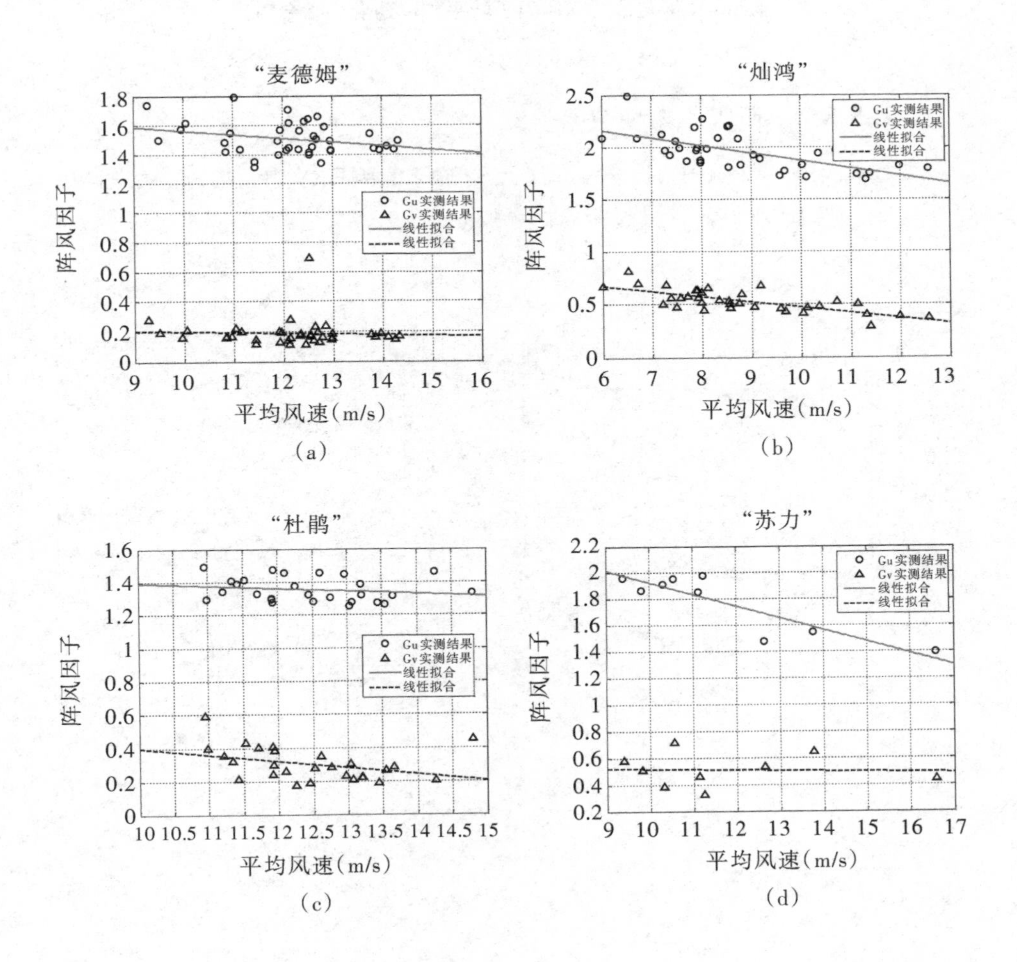

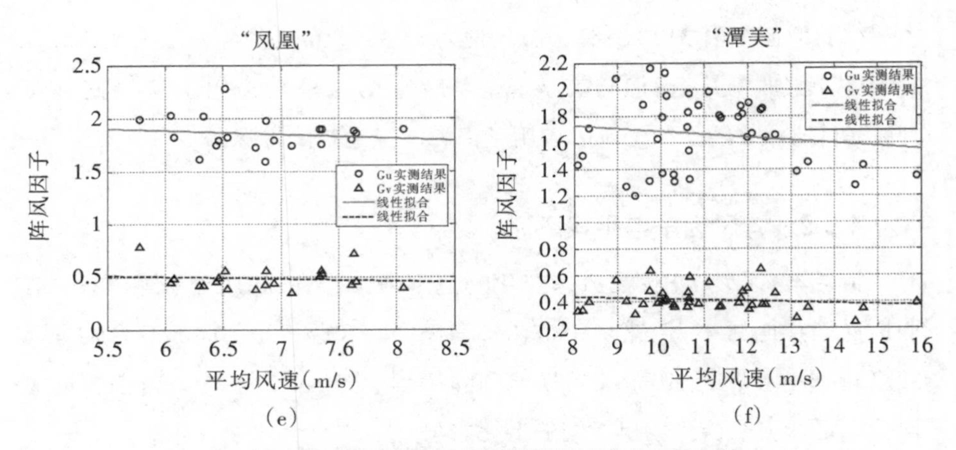

图4.4　不同台风阵风因子随平均风速变化综合对比

4.5.3　阵风因子与峰值因子

由图4.5可以得出：顺方向阵风因子随峰值因子增加而增加，横方向阵风因子随峰值因子增加而基本保持稳定。

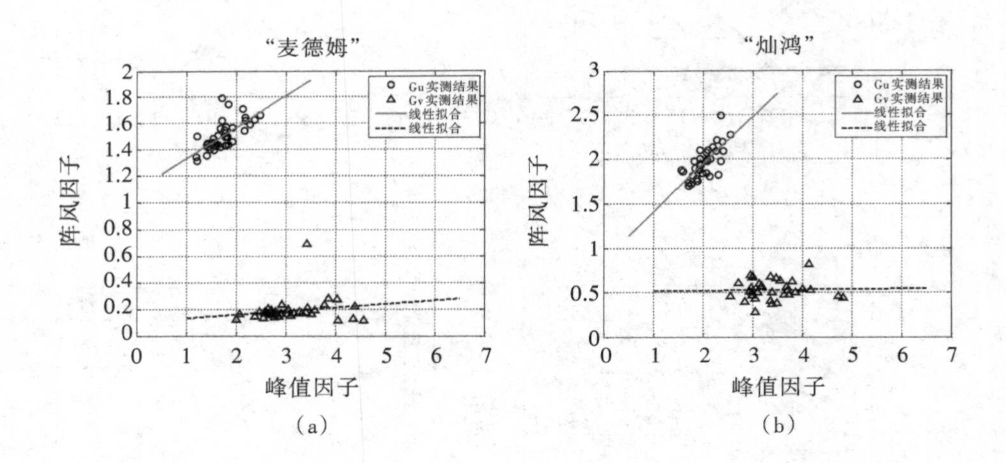

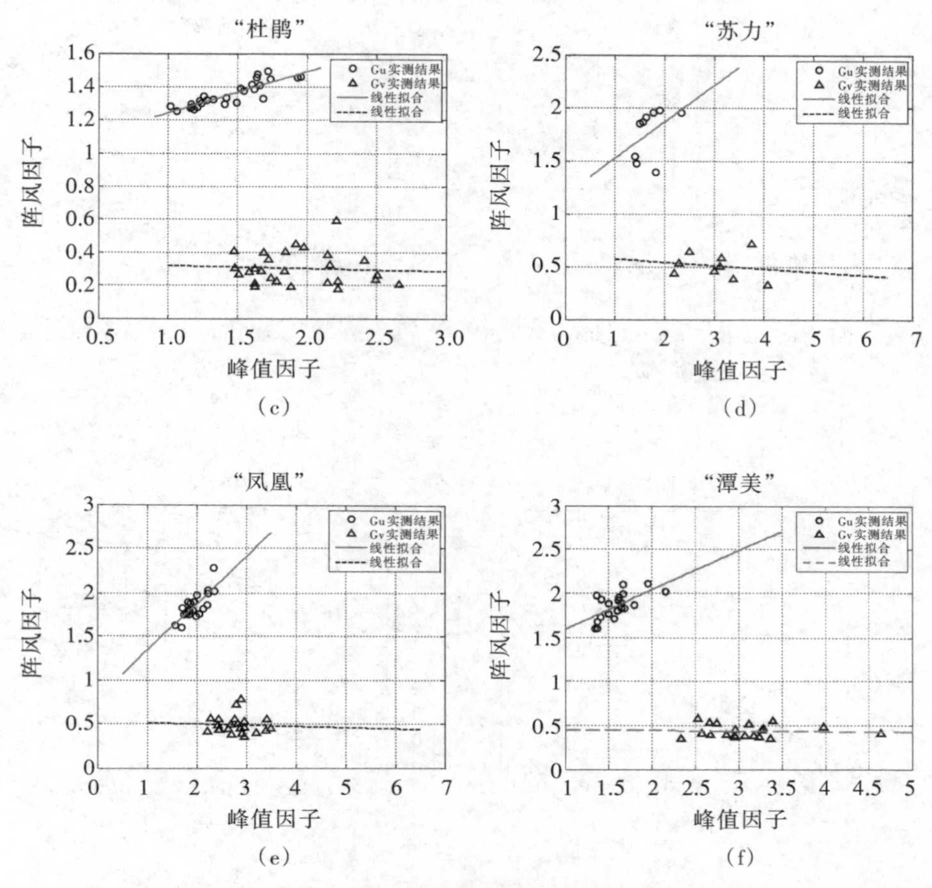

图4.5　不同台风阵风因子随峰值因子变化综合对比

4.5.4　阵风因子与湍流强度

如图4.6所示为实测值及其线性拟合得到的阵风因子与湍流强度关系曲线，由图4.6可以发现：顺、横风向阵风因子随湍流强度增加而明显增加，而且斜率相当近似，并且综合线性拟合曲线y=2.1x+1.2与杨雄等[86]的结果y=2x+1比较接近。

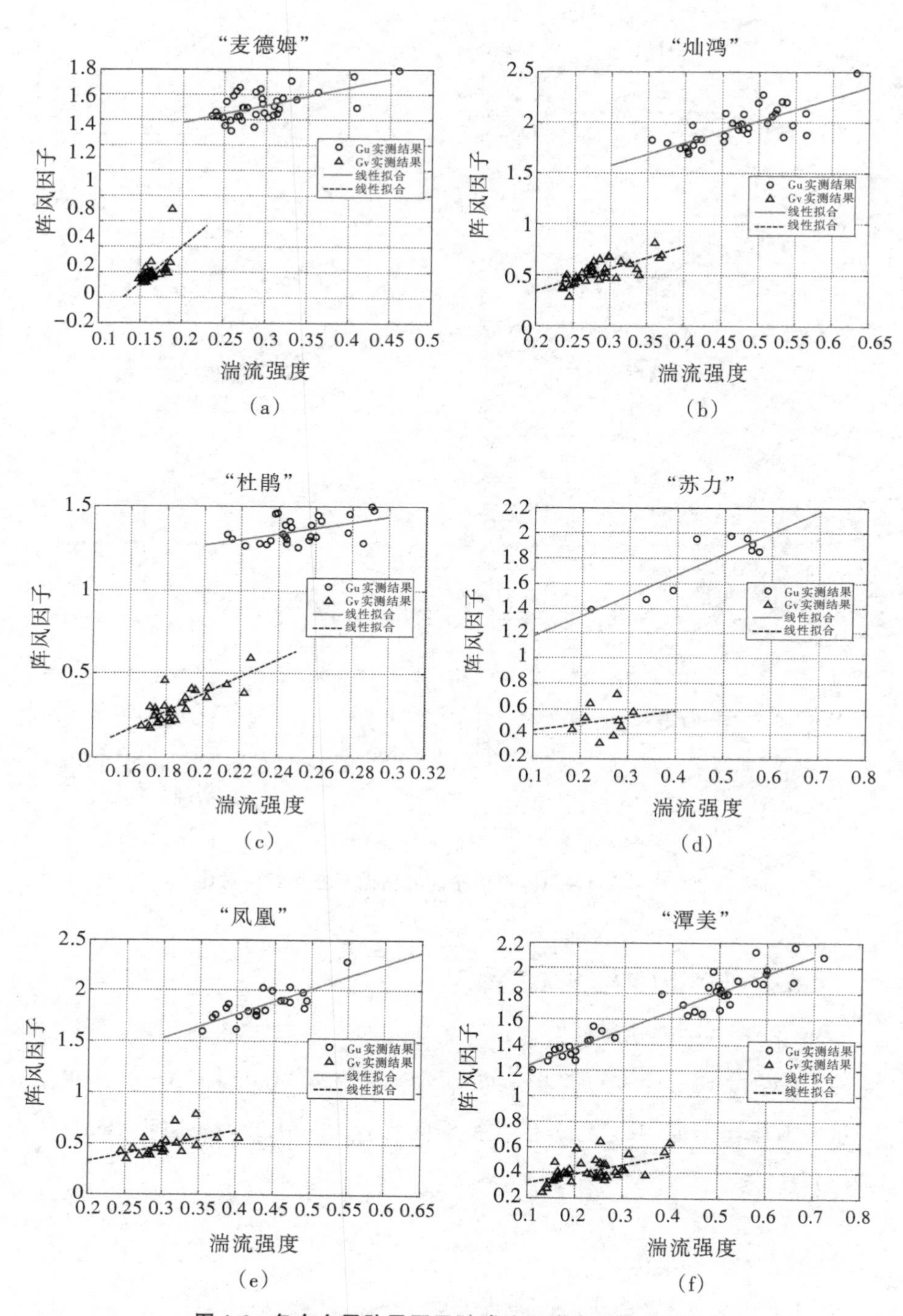

图 4.6 各个台风阵风因子随湍流强度变化综合对比

经由：

$$G_v = cI_v^d \tag{4.2}$$

或：

$$G_u = 1 + aI_u^b \tag{4.3}$$

幂函数拟合即可得其经验公式，表4.6所示为各个台风在本节研究的特定地形环境下得到的经验公式参数。

结合图4.7与表4.6可以发现：在湍流强度[0,0.5]的范围内，各个台风拟合曲线的收敛度相当集中，与综合拟合曲线比较接近；在湍流强度小于0.15的范围内，顺风向综合拟合公式取值较文献70经验公式小约8%，与文献71和文献26的经验公式较为接近；在湍流强度[0.15～0.5]的范围内，顺风向综合拟合公式取值小于文献70和文献71的经验公式且差别较大，约20%，虽稍大于文献26但与其经验公式颇为相似，特别是台风"苏力"拟合公式与其相当接近。

横风向拟合公式除台风"麦德姆"的曲线在湍流强度大于0.25区段变化较为特别外，其他台风与综合拟合曲线都较为相似；横风向综合拟合公式取值小于文献26经验公式但与之较为接近。

表4.6　拟合经验公式参数对比

名称	a	b	c	d
"麦德姆"实测	0.3436	1.0183	4.4037	2.6617
"灿鸿"实测	0.3651	0.9450	0.7088	1.5393
"凤凰"实测	0.2749	0.9894	0.4987	1.2971
"潭美"实测	0.3214	1.0847	0.3785	1.1696
"杜鹃"实测	0.3455	0.9036	0.2091	0.6882
"苏力"实测	0.2713	0.8498	0.1979	0.6986
实测综合拟合	0.3203	0.9651	0.3986	1.0786
顾明[26]	0.2591	0.8668	0.4416	0.9962
Choi[71]	0.62	1.27	—	—
Ishizaki[70]	0.50	1.0	—	—

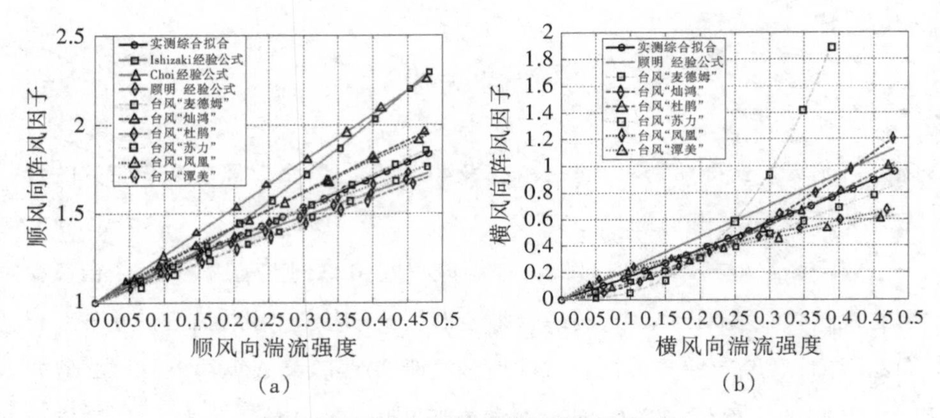

图 4.7 不同台风经验曲线与综合曲线对比

4.5.5 阵风因子与峰值因子和湍流强度乘积

在阵风持续时距为3s时，即阵风速度采用3s平均速度情况下[84]（美国规范即为此例），由：

$$U_{t(z)} = U_{(z)} + g_{u(t)}\sigma_u \tag{4.4}$$

可以得出：

$$G_u = U_{t(z)}/U_{(z)} = 1 + g_u I_u \tag{4.5}$$

由图4.8可以发现：顺风向实测曲线完全符合上式的关系，即在阵风持续时距为3s时，已知上式(4.5)中的两个，即可求出另外一个。

同样条件下，基于前文的横风向峰值因子 g_v 的定义，横风向 G_v 随着 $g_v\ I_v$ 的增加而增大，各个台风下曲线的变化趋势比较接近，但斜率较顺风向的角度(45°)明显减小。

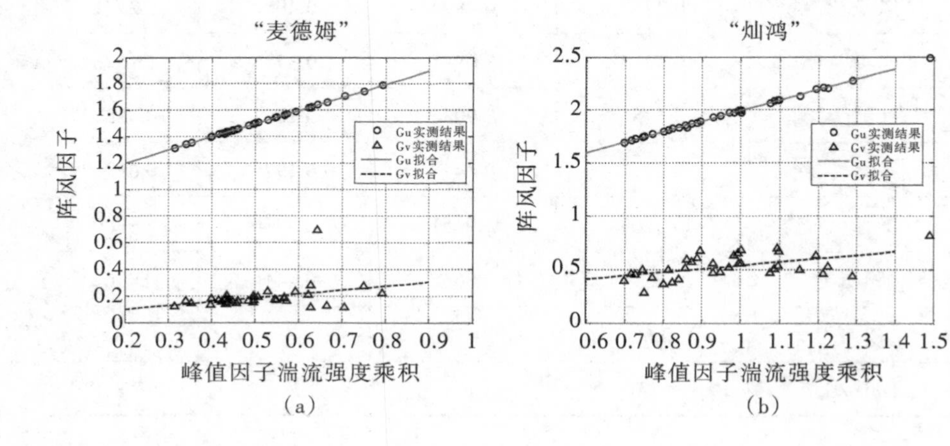

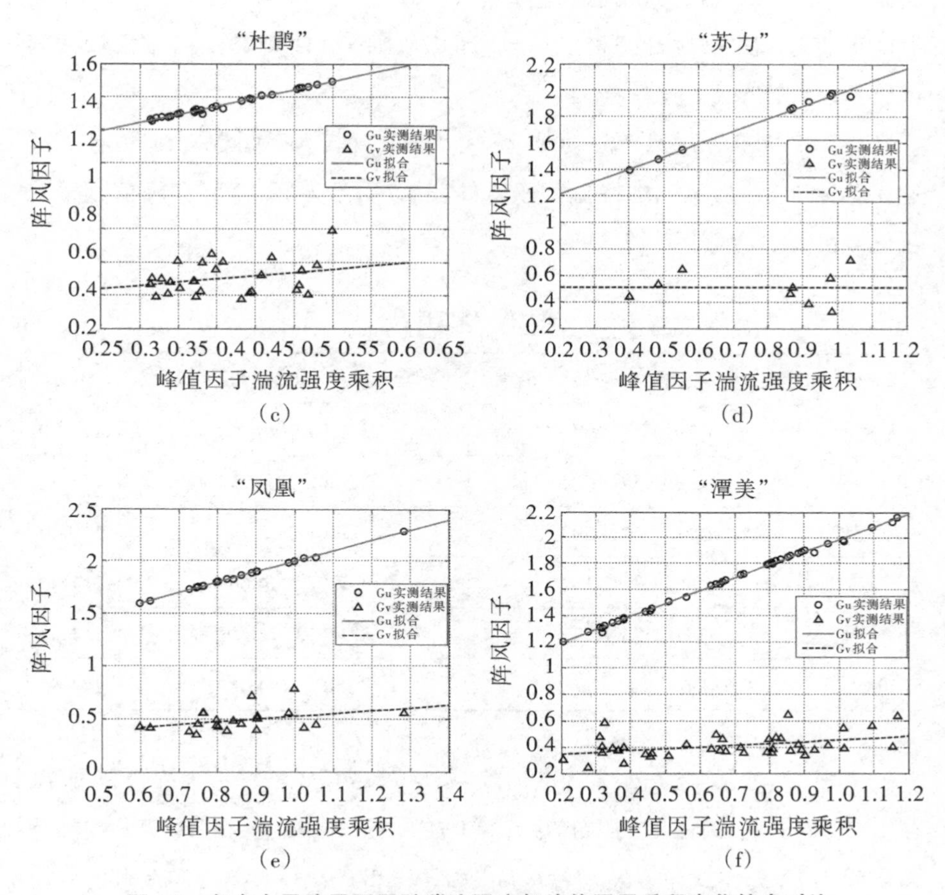

图4.8　各个台风阵风因子随湍流强度与峰值因子乘积变化综合对比

4.6　峰值因子对比分析

4.6.1　峰值因子

由Davenport提出的"等效静风荷载法"[87]，目前被各国规范广泛采纳。根据该方法，结构的极值风效应表示为

$$Y_{\max} = Y + g\sigma_Y \tag{4.6}$$

式中，Y代表某随机过程，可以为结构响应，也可为风荷载；Y、Y_{max}和σ_Y分别代表随机过程Y的均值、最大值和均方根；g称为峰值因子，代表随机过程Y最大平均值（即$g\sigma_Y$）与其均方根σ_Y的比值。在式(4.6)中，Y和σ_Y可以通

过对随机过程Y作统计分析而得到，而峰值因子g由于其计算过程较为烦琐，所以一般根据实验确定。

台风环境下脉动风速波动也是一个随机过程，引用此定义，可以计算风速实测值的顺、横风向的峰值因子。如表4.7所示为顺、横风向峰值因子变化值范围及其比值。

表4.7　峰值因子

台风	峰值因子g_u平均值（最小/最大）	峰值因子g_v平均值（最小/最大）	$g_u:g_v$
“麦德姆”	1.79（1.11/2.63）	3.23（1.96/6.24）	1∶1.80
“灿鸿”	2.03（1.58/2.63）	3.39（2.73/4.77）	1∶1.67
“凤凰”	1.98（1.67/2.50）	1.58（1.01/2.70）	1∶0.80
“潭美”	1.60（1.35/2.15）	3.09（2.33/4.64）	1∶1.93
“杜鹃”	1.51（1.23/1.82）	2.08（1.67/2.50）	1∶1.38
“苏力”	1.63（1.4/1.92）	2.96（2.16/4.08）	1∶1.82

由表4.7可以得出：$g_u:g_v$的取值除“凤凰”较为异常外，其余都较有规律，在[1∶1.38，1∶1.93]区间内，均值为[1∶1.72]，横方向峰值因子较顺方向峰值因子超出72%，由此可以发现台风环境下气流的脉动性，横方向较顺方向剧烈许多。

顺方向峰值因子基本在[1.11，2.63]范围内，均值为2.0，根据中国荷载规范[88]，峰值因子直接取值2.5，考虑到既安全又经济的因素，虽偏于安全，但相对还是比较合理。而横方向峰值因子取值基本在[1.67，6.24]范围内，均值在[1.58，3.39]范围内，与其他国家（美国、加拿大等）规范[89,90]的取值范围在[3.0，5.0]之间相比，接近其低限值，即规范取值偏于安全。

4.6.2　峰值因子与平均风速

如图4.9所示为不同台风峰值因子随平均风速变化关系，由图4.9可以得出：顺方向峰值因子随10min平均风速增加，数值基本保持稳定；横方向峰值因子随10min平均风速增加，较具离散性，并没有特别的规律。

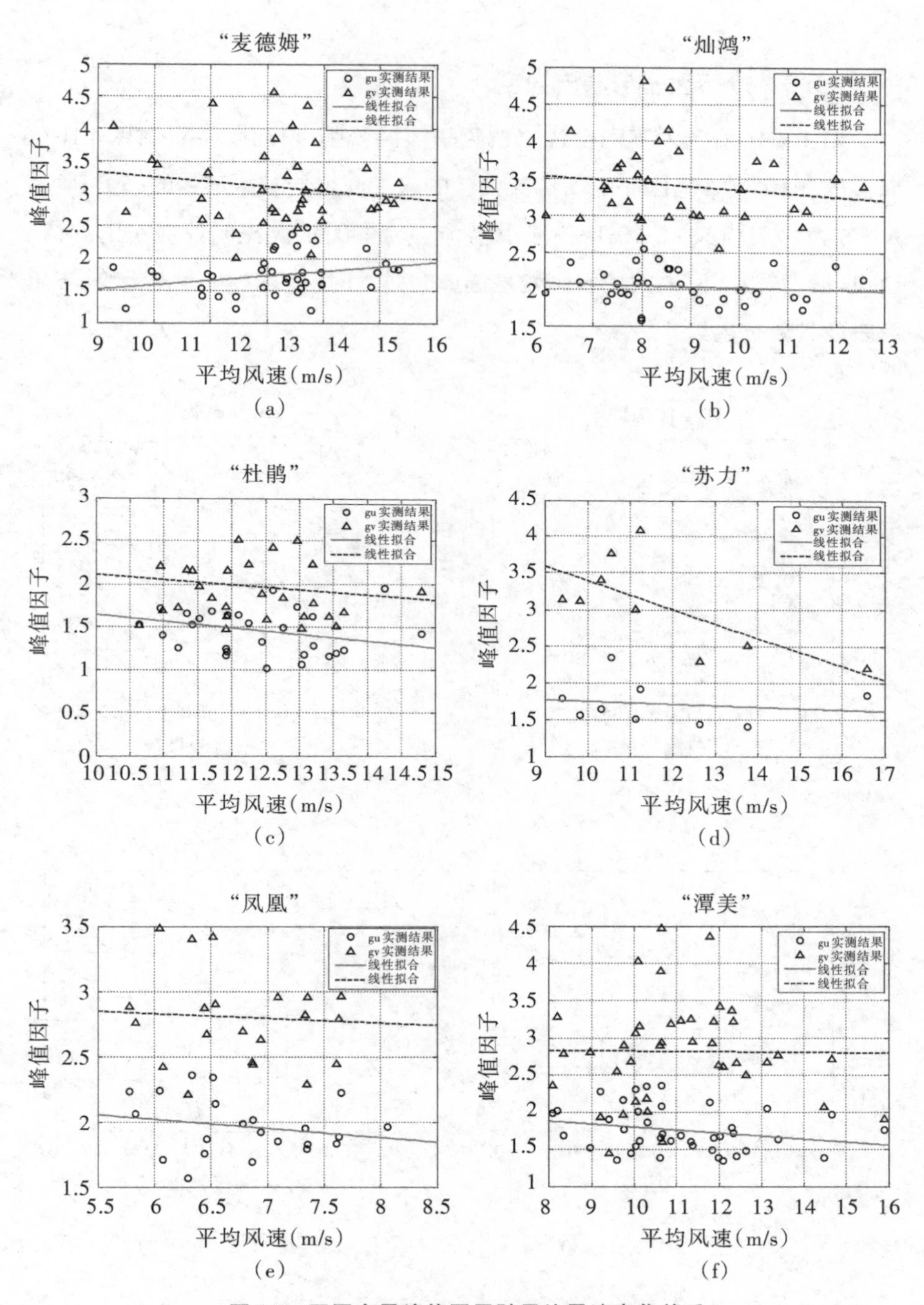

图4.9　不同台风峰值因子随平均风速变化关系

4.6.3 峰值因子与湍流强度

如图 4.10 所示为不同台风峰值因子随湍流强度变化关系，由图 4.10 可以得出：顺风向峰值因子随着湍流强度的增加而保持基本不变的趋势；除台风“苏力”外，横风向峰值因子随着湍流强度的增加而呈明显减小的趋势。台风“苏力”出现例外的原因可能是选择的样本时段较短，实测点太少，不足以表现其变化趋势。

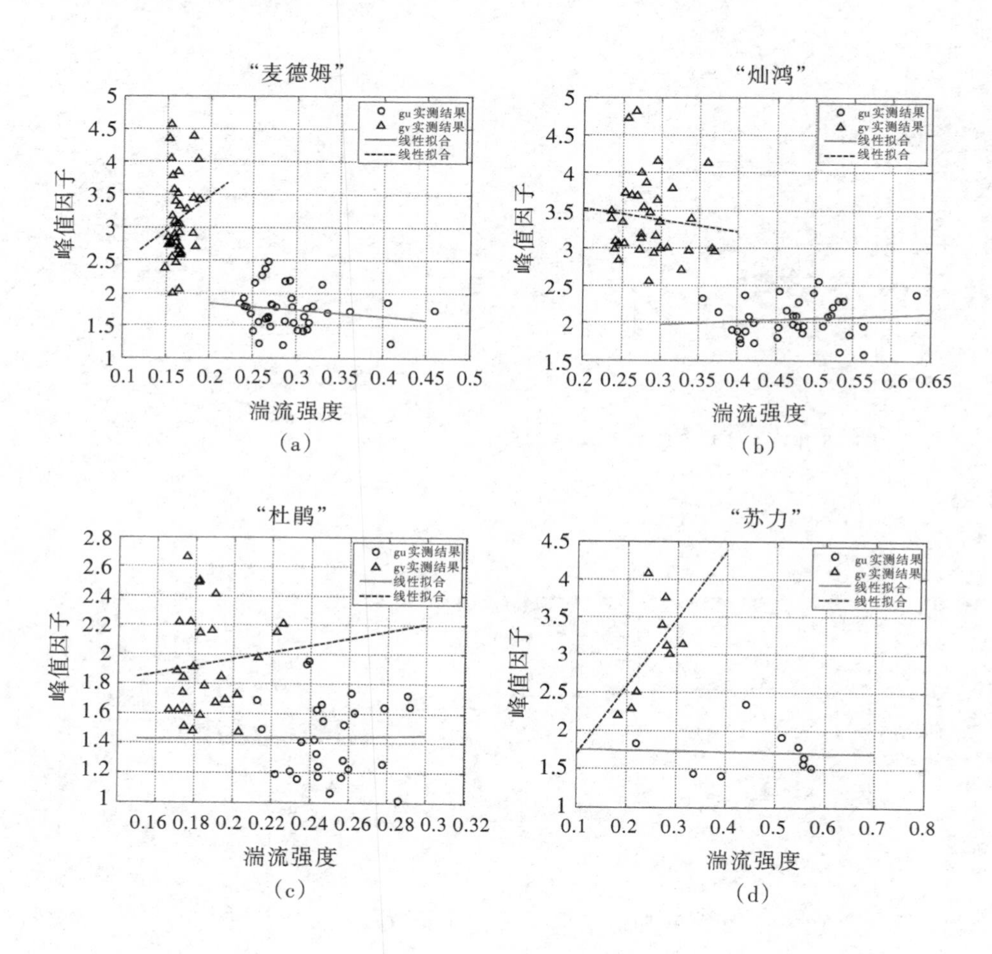

(a) (b) (c) (d)

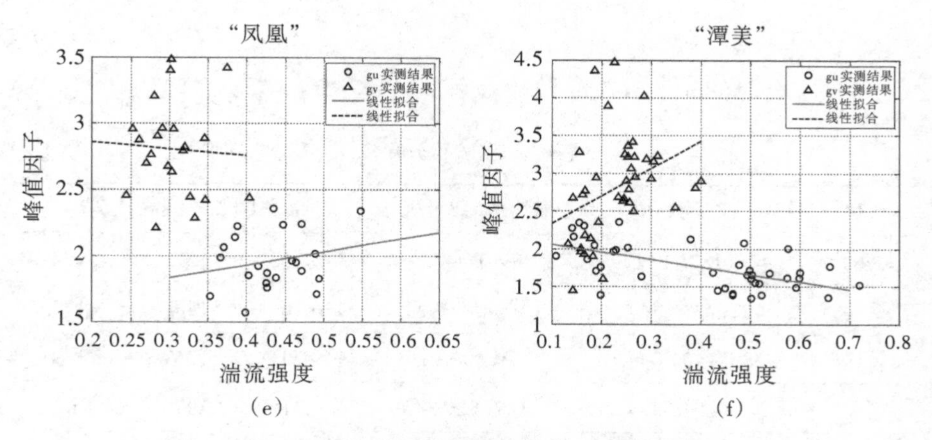

图4.10　不同台风峰值因子随湍流强度变化关系

4.7　湍流积分尺度对比分析

4.7.1　湍流积分尺度

湍流积分尺度是一项重要的风特性指标，分析方法的选择影响计算结果的稳定性，本节根据Taylor的“凝固湍流”假设[48]，采用其自相关函数积分法，计算结果如表4.8和图4.11所示。

根据各国规范湍流积分尺度取值经验公式。

日本规范[52]：

$$L_u = 100(Z/30)^{0.5} \tag{4.7}$$

$Z = 168\text{m}$，则$L_u = 100(Z/300)^{0.5} = 237\text{m}$。

欧洲规范[53]：

$$L_u = 300(Z/300)^{0.46+\ln Z_0} \tag{4.8}$$

$Z = 168\text{m}$，z_0=0.01，则$L_u = 300(Z/300)^{0.46+\ln Z_0} = 280\text{m}$。

美国规范[53]：

$$L_u = 97.54(Z/10)^{1/3} \tag{4.9}$$

Z=168m，则$L_u = 97.54(Z/10)^{1/3} = 250\text{m}$。

Counihan的经验公式[43]：

$$L_u = cZ^m \tag{4.10}$$

式中，$Z = 168\text{m}$，$c = 42$，$m = 0.38$，则 $L_u = 307\text{m}$。

表 4.8　湍流积分尺度

台风	L_u平均值（最小/最大）	L_v平均值（最小/最大）	L_u:L_v	L_u（Counihan）	误差（%）
“麦德姆”	488（182/1311）	99（14/472）	1:0.203	129	278
“灿鸿”	402（223/634）	106（51/245）	1:0.264	148	172
“凤凰”	285（149/504）	63（40/113）	1:0.221	106	169
“潭美”	340（104/549）	107（62/184）	1:0.315	397	14
“杜鹃”	342（160/733）	102（43/210）	1:0.298	311	10
“苏力”	578（229/1427）	212（91/669）	1:0.367	505	14

由表4.8可以得出：湍流积分尺度的实测值与日本规范、欧洲规范及美国规范相比偏差较大，最大的达到一倍多；与Counihan的经验公式取值相比虽稍微偏大，但较为接近；与中国规范简单地取1200m恒值相比，相差很大。

顺、横风向的湍流积分尺度实测比值 L_u: L_v=1: 0.278 略大于 Solari，Piccardo的模型（L_u:L_v=1:0.25），而略小于《结构风荷载作用》中的模型[42]（L_u:L_v=1:0.3），与李兆杨[91]的结果比较接近（L_u:L_v=1:0.281），因而实测计算取值还是相对比较合理，也说明Solari & Piccardo的模型比较符合东南沿海地区特定的地形环境，可以作为工程实践应用的参考。

关于曲线 $nS(n)$ 最大值点的频率和湍流积分尺度的关系，Counihan还作了如下假设[43]：

$$L_u = U/(2\pi n_{peak}) \tag{4.11}$$

虽然Counihan假设计算值与在台风“麦德姆”“灿鸿”“凤凰”下的实测值有较大的误差，在1～3倍之间；然而其计算值与在台风“潭美”“杜鹃”“苏力”下的实测值的误差仅在15%以内。因此，综上可以得出：南北向线路台风湍流积分尺度的实测值与计算值相比，误差大，东西向线路台风的结果却相当接近，可以应用Counihan假设作为特定条件下东西向线路台风定性分析的参考。当然，如果以后能够增加支持上述结论的样本数量，将会更具说服力。

4.7.2　湍流积分尺度与平均风速

由图4.11可以得出：顺风向湍流积分尺度随平均风速的增加而明显增加；横风向湍流积分尺度随平均风速的增加而呈较为缓慢的增加趋势，这表明顺风向湍流积分尺度对平均风速的变化敏感性较强。

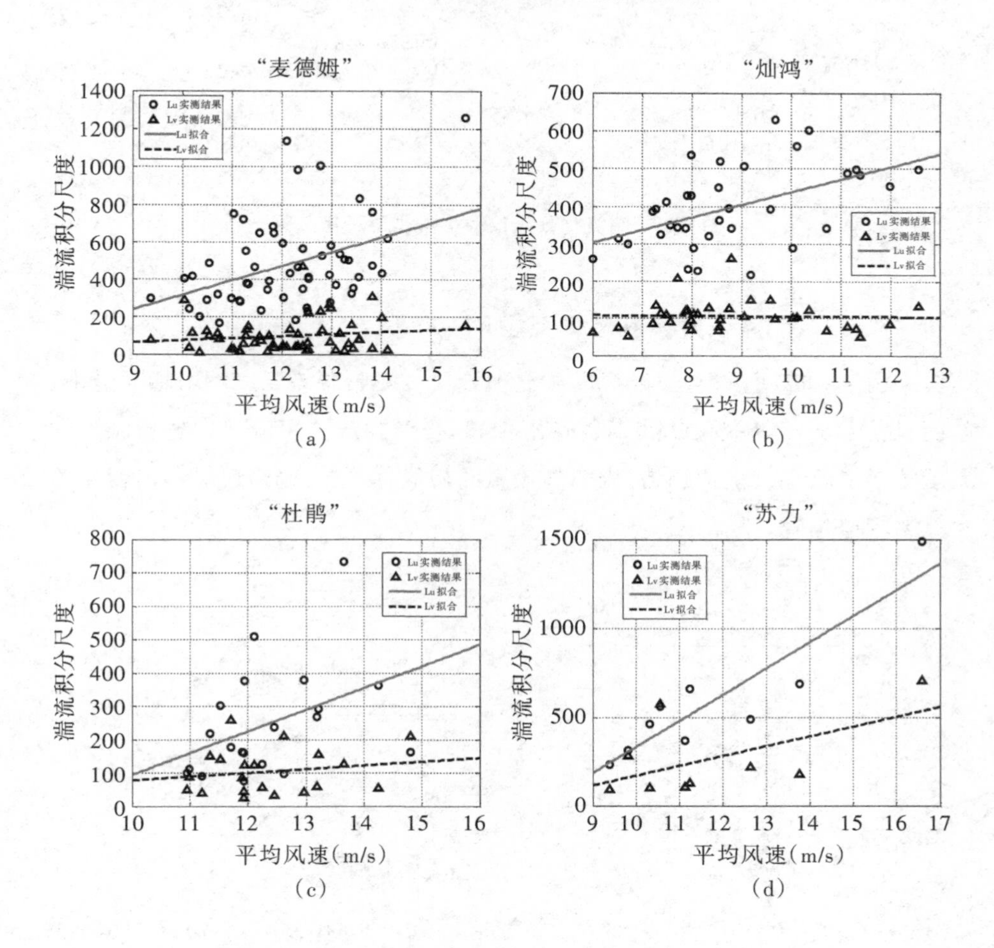

(a)　(b)　(c)　(d)

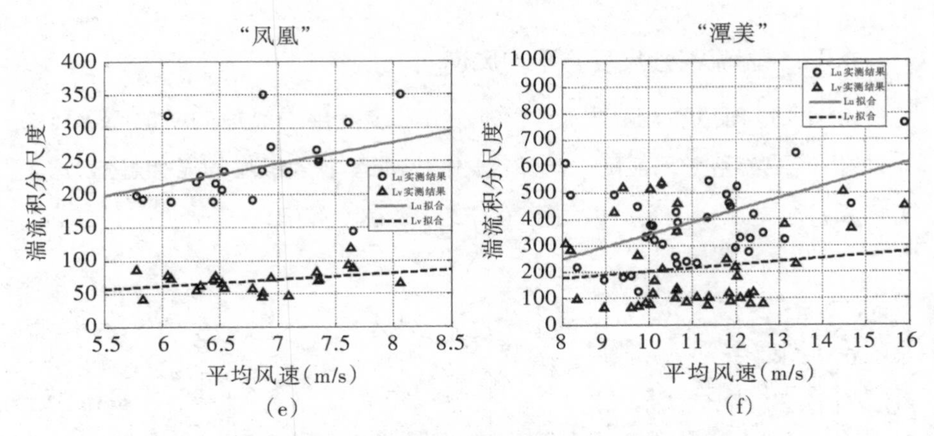

图 4.11　湍流积分尺度随平均风速变化关系

4.7.3　湍流积分尺度与湍流强度

由图4.12可以得出:顺风向湍流积分尺度随着湍流强度的增加而减小,而且各台风下其变化的速率也基本相同;横风向湍流积分尺度随着湍流强度的增加而呈减小的趋势,规律与顺风向相似,只是不同台风其各自变化的速率不尽相同。

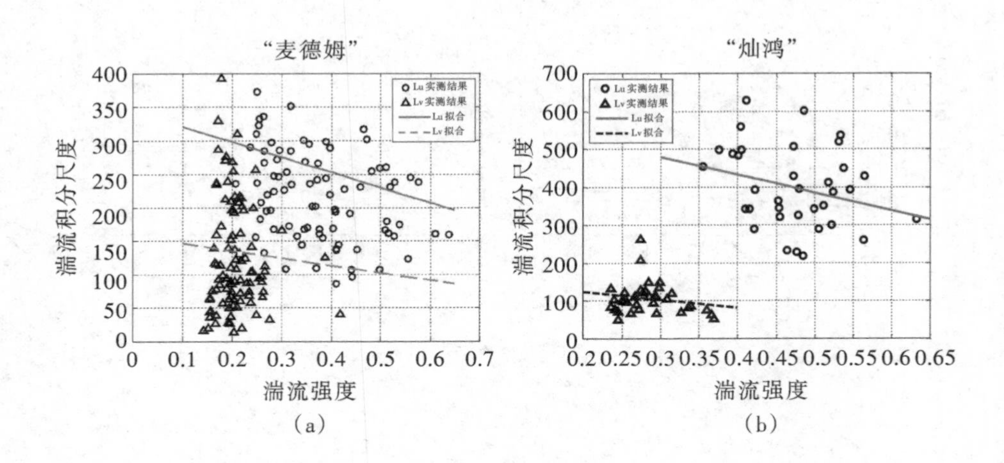

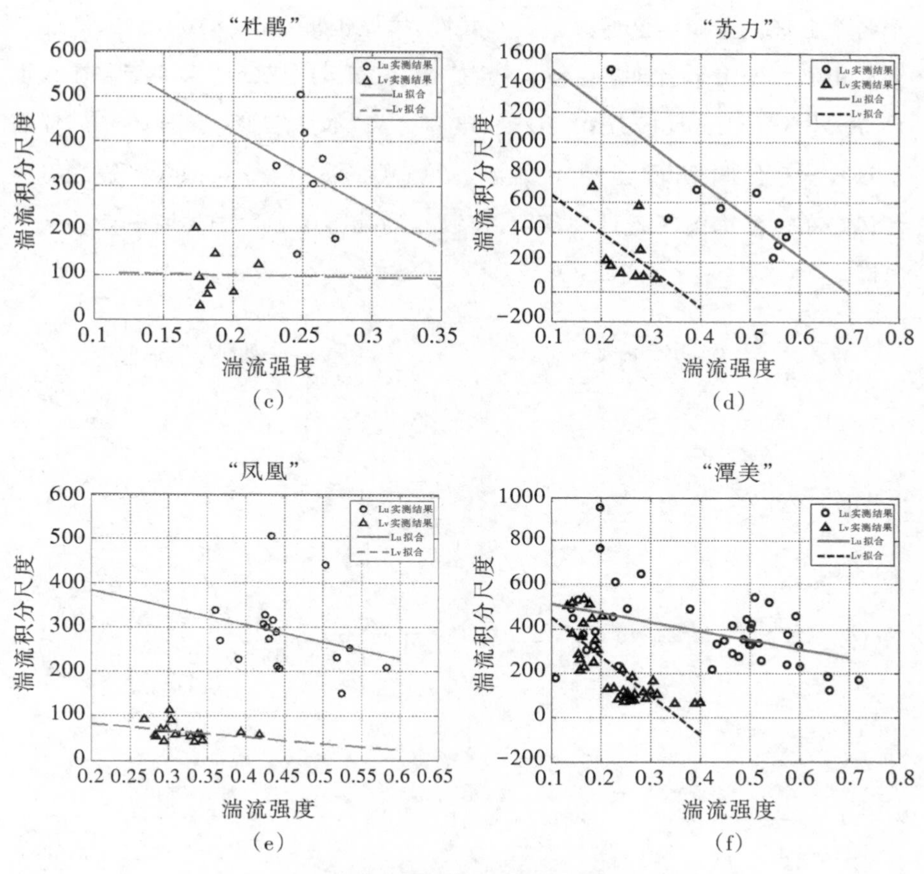

图4.12　湍流积分尺度随湍流强度变化关系

4.8　风速功率谱对比分析

脉动风速功率谱体现脉动湍流中不同频率的涡旋能量对湍流脉动能量的贡献。

由图4.13、图4.14可以得到：与Simiu拟合谱相比，实测风速谱与Von Karman拟合谱比较接近，有部分相当吻合，特别是横风向低频开始频率至谱峰（n_{peak}）处，吻合得非常好，顺风向只在低频开始区段吻合得较好，其他部分则有较大的差别。

顺风向谱峰的频率基本在大于10^{-3}Hz小于10^{-2}Hz且接近10^{-2}Hz处，表示各个台风能量集中区域频率具有共性；幅值也基本在3×10^{-1}左右，即能量大小相似。但每个台风各自特点稍有不同。横风向谱峰的频率基本在大于10^{-2}Hz小于10^{-1}Hz且接近10^{-2}Hz处，唯有台风“潭美”频率小于10^{-2}Hz，幅值也基本与顺风向相同，在2×10^{-1}左右。这表明Von Karman拟合谱较为符合台风在东南沿海的特定地理环境，可以作为我国风工程同类型设计的参考风谱。

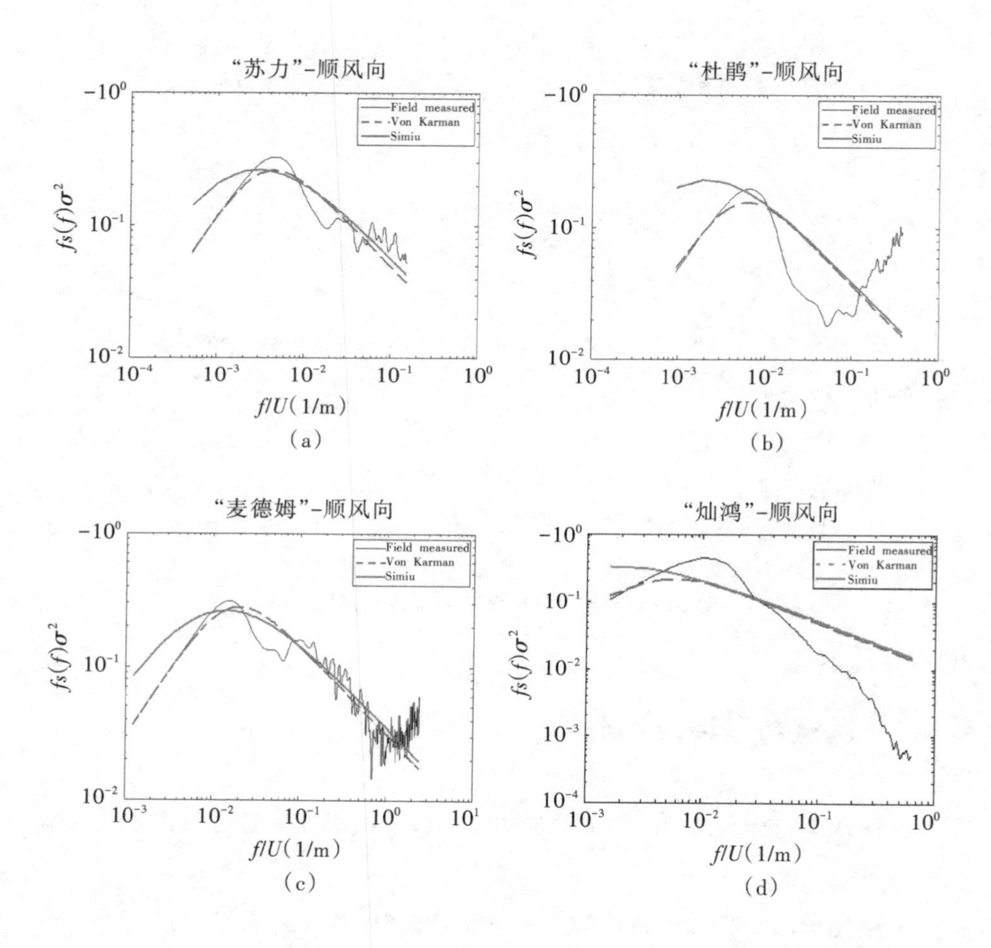

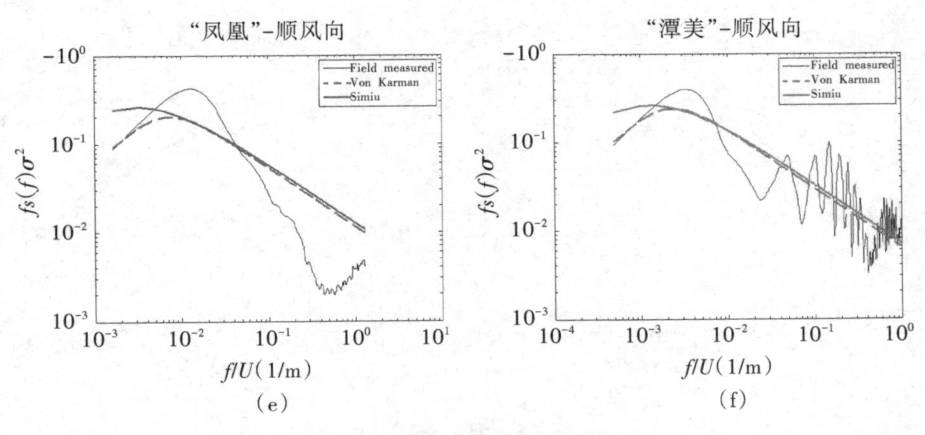

图4.13　顺风向风速功率谱图

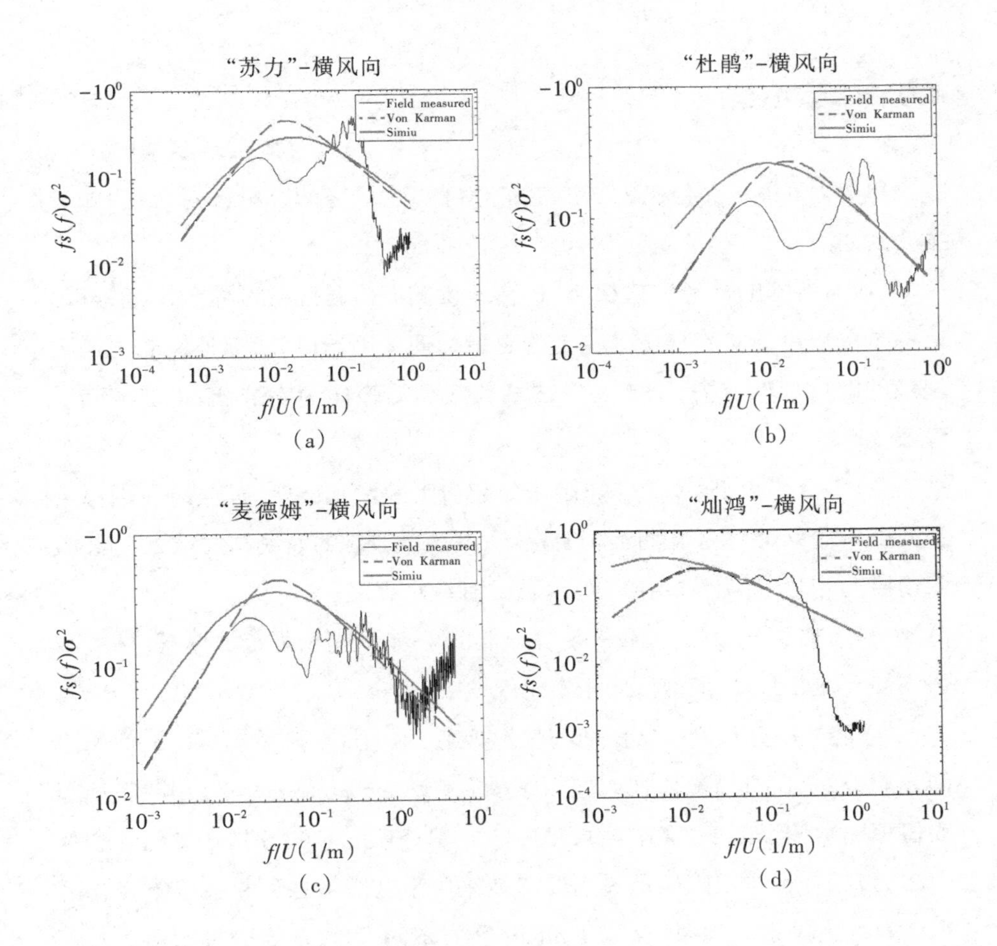

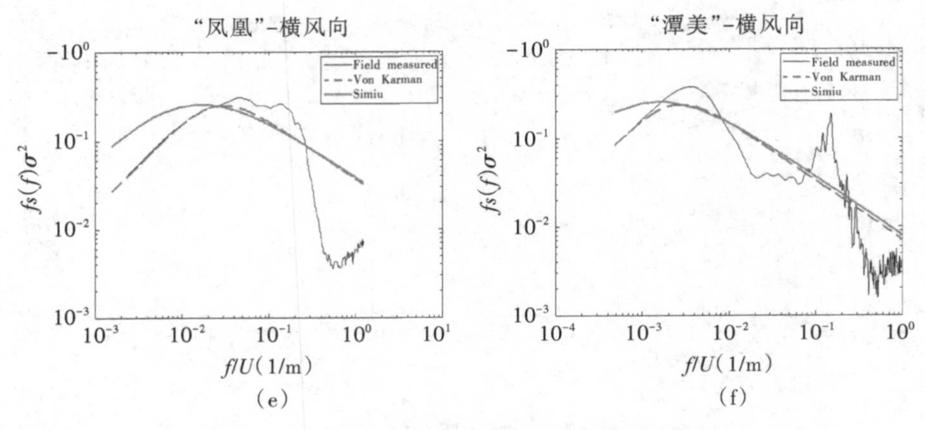

图 4.14 横风向风速功率谱图

4.9 本章小结

根据对6个不同台风的高层建筑顶部高空风场的分析比对，得到如下主要的结论：

(1)与各国的规范取值相比，各台风实测湍流强度普遍偏大。经分析，该偏差主要是由实验楼所处特定的复杂地理环境造成的，另外可能与各国规范的取值偏低有关，或者是以往规范实测的采样频率较低、不够精确所导致。

(2)各台风顺、横风向阵风因子随湍流强度增加而明显增加；线性拟合的结果与文献65的经验曲线相当接近；幂函数拟合的曲线与文献26的经验曲线接近，即具有明显的接近线性的正相关关系。

(3)与实测值相比，无论是我国规范还是其他国家规范，峰值因子的取值均偏大，原因是规范都倾向于安全取值。

(4)湍流积分尺度的实测值与日本规范、欧洲规范及美国规范取值相比偏大，与Counihan经验公式取值相比稍微偏大，但较为接近；但与我国规范取值相比则偏小很多，这个结果是由湍流积分尺度实测及其计算的复杂性引起的，当然也与我国规范过于简单地采用没有跟随各种相关因素变化的定值有很大关系。如果应用Counihan曲线$nS(n)$最大值点的频率和湍流积分尺度关系的假设，在东西向线路各个台风的湍流积分尺度的实测值与计算值符合得很好。

（5）实测风速谱与Von Karman拟合谱比较吻合。各个台风顺风向谱峰的频率基本上集中在某个范围内，表示各个台风能量集中区域频率具有共性；幅值也基本相同，即能量大小相似，只是每个台风变化过程具有的各自特点有所不同。横风向的变化规律与顺风向的基本相似。

相关的论文见文献140和文献147。

第5章 沿海地区风场特征实测分析

5.1 引 言

第3章、第4章研究的内容为台风在高层建筑顶部某确定位置的风场特性，是高层建筑结构风特性研究中重要的也是最基本的内容，是研究分析其他风致响应性质的基础，因此研究台风在不同地形地貌上沿不同高度风剖面变化的风廓线特征便具有重要的实践应用。

近年来，沿高度变化的近地及高空风剖面特性的研究得到了较大的重视，许多学者均对其进行了分析研究。戴益民等[92]基于2005年台风“达维”、2007年热带风暴“范斯高”及季风观测的部分实测数据，对比分析这3种不同风场在离地面高度为10m、7.5m及6m处的平均风速及风向、湍流强度和阵风因子等风场特征参数，对近地风场分析具有参考意义。李利孝等[93]利用两座风观测塔和一台风廓线雷达对强台风“黑格比”的实测结果，研究了台风“黑格比”近地观测塔风剖面和边界层风剖面特征，对风剖面参数规范推荐值具有修正意义。胡尚瑜等[94]基于近海岸平坦地形，高度为100m测风塔获取的10m、50m、65m、80m、100m等5个高度台风和季风风场强风样本,研究强台风条件下平均风剖面参数合理取值,并应用Bootstrap统计分析方法,分析了强台风条件下平均风剖面参数变异性及置信区间。

喻梅等[95]基于安装在西堠门大桥桥塔上风速仪的现场实测结果,对季风气候下桥址区的脉动风湍流强度、阵风因子、湍流积分尺度、脉动风速功率谱密度、平均风速剖面以及脉动风速空间相关性等参数进行了分析,得到了在强季风下特定沿海地区的风场性质。刘志文等[96]基于建立在桥址黄河北岸山地附近的一座高85m的测风塔,分别在测风塔10m、30m、50m及80m高度处设立观测层,对大桥区域风特性进行现场实测,分析结果表明平均风速沿高度方向总体服从幂指数分布,接近规范值。

王旭等[97]基于10m、20m、30m和40m高度处台风“梅花”影响下的上海浦东平坦沿海地区近地风现场实测数据,主要研究了平均风速、湍流强度和阵风因子随高度的变化规律。赵林等[98]利用周边地形为农田或沿海滩涂的浙江东海塘观测塔(120m高)在3次强台风(海棠200505、麦莎200509和卡努200515)登陆时段,距地面5个不同高度处平均风速的记录资料,对台风登陆前后风场特性进行了对比分析,得到了平均风剖面幂指数的变化规律。

本章基于温州苍南县霞关测风塔观测得到的部分有代表性的台风数据,对东南沿海特定丘陵地区的强/台风随高度变化特性进行分析,总结出相应的规律特征,为沿海地区的抗灾减灾与建筑抗风设计提供科学参考。

5.2　苍南县霞关测风塔简介

苍南县霞关测风塔为100m塔,如图5.1所示,观测场海拔高度155m,为典型的东南沿海丘陵地貌。在测风塔10m、50m、70m和100m4个高度设置了风向传感器,在10m、30m、50m、70m和100m5个高度设置了风速传感器,用以测试100m高度内的风速、风向剖面。机械式风向、风速仪,采样频率为1Hz。

根据2009年台风“莫拉克”影响期间的风场实测数据,具体选取其中

2009年8月8日15时至8月9日20时之间台风登陆前后的实测风场进行分析,重点研究台风在苍南县特定地域的风环境特征与风场特性。台风“莫拉克”移动路径如图5.2所示。

图5.1 苍南县霞关测风塔

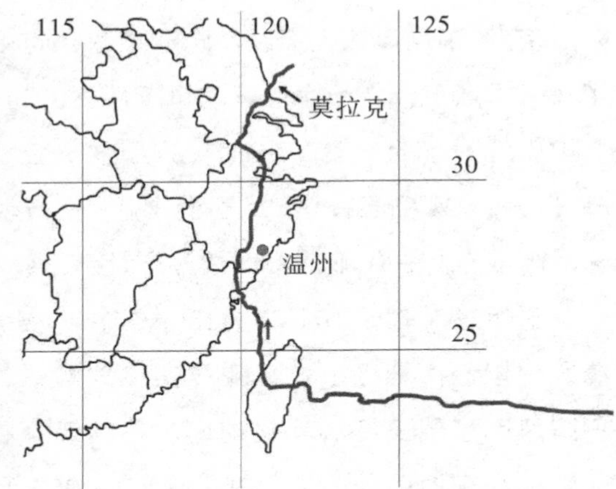

图5.2 台风“莫拉克”的路径图

5.3 风场特性分析

5.3.1 实测瞬时风场分析

选取2009年8月8日15时至8月9日20时之间台风“莫拉克”登陆前后的实测风场数据进行分析。随着台风逼近实测地点,实测点的风场逐渐呈现递增的趋势,且有多次快速增大和衰减过程,表现出一定的周期性和脉动性。实测风速在8月9日7时左右达到最大,其中10m、30m、50m、70m和100m5个高度处的瞬时风速最大值分别为35.1m/s、40.4m/s、40.9m/s、39.3m/s、42.1m/s。风速达到最大后,迅速衰减,然后再增大、衰减,但此时强度远小于台风强度最大时刻。

台风“莫拉克”于8月9日16时20分在福建省霞浦县北壁乡登陆,实测点在台风登陆前9个多小时时风速达到最大。5台风速仪和4台风向传感器实测的风速、风向时程曲线如图5.3、图5.4所示。

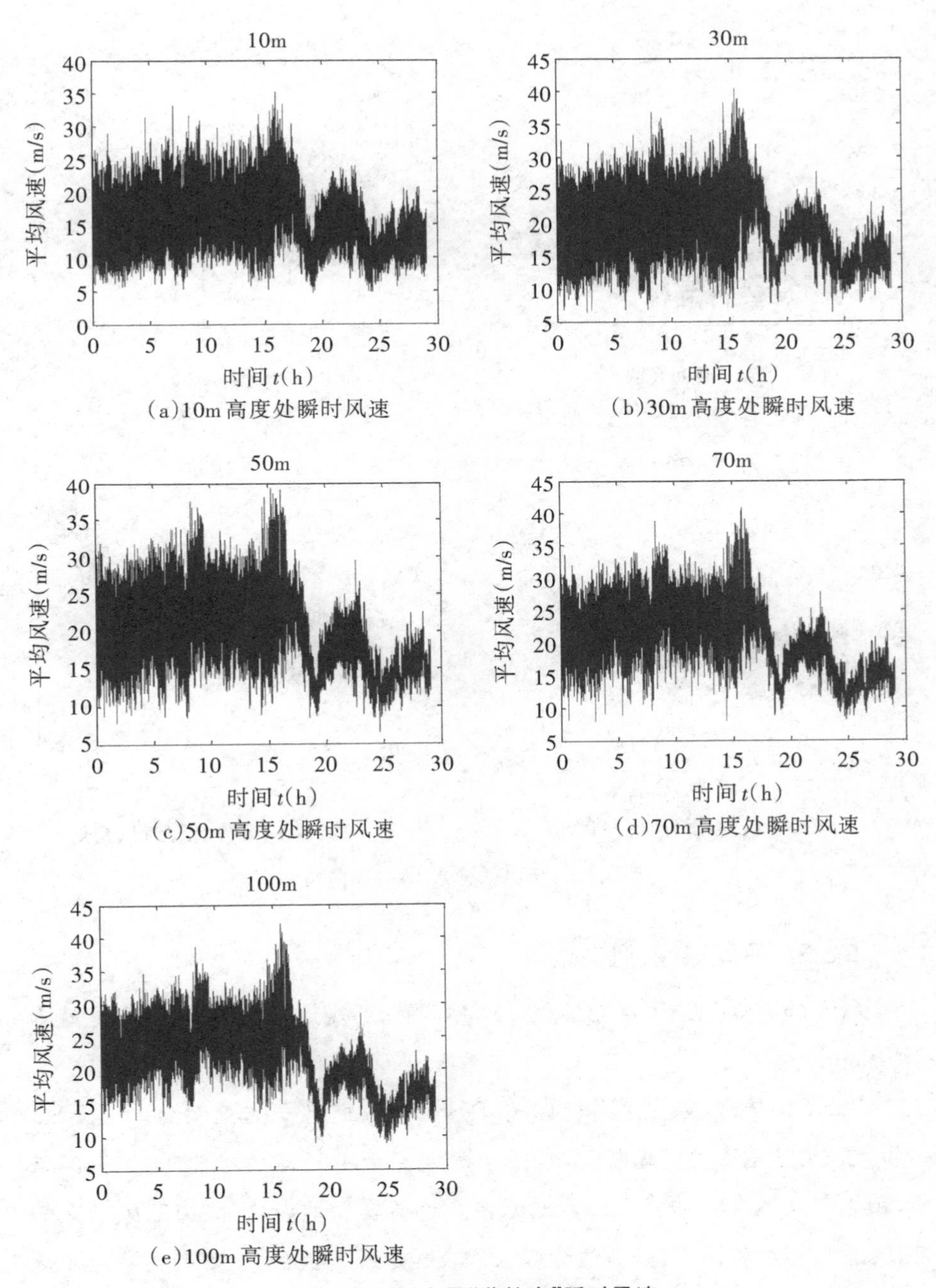

(a)10m高度处瞬时风速

(b)30m高度处瞬时风速

(c)50m高度处瞬时风速

(d)70m高度处瞬时风速

(e)100m高度处瞬时风速

图5.3　台风“莫拉克”瞬时风速

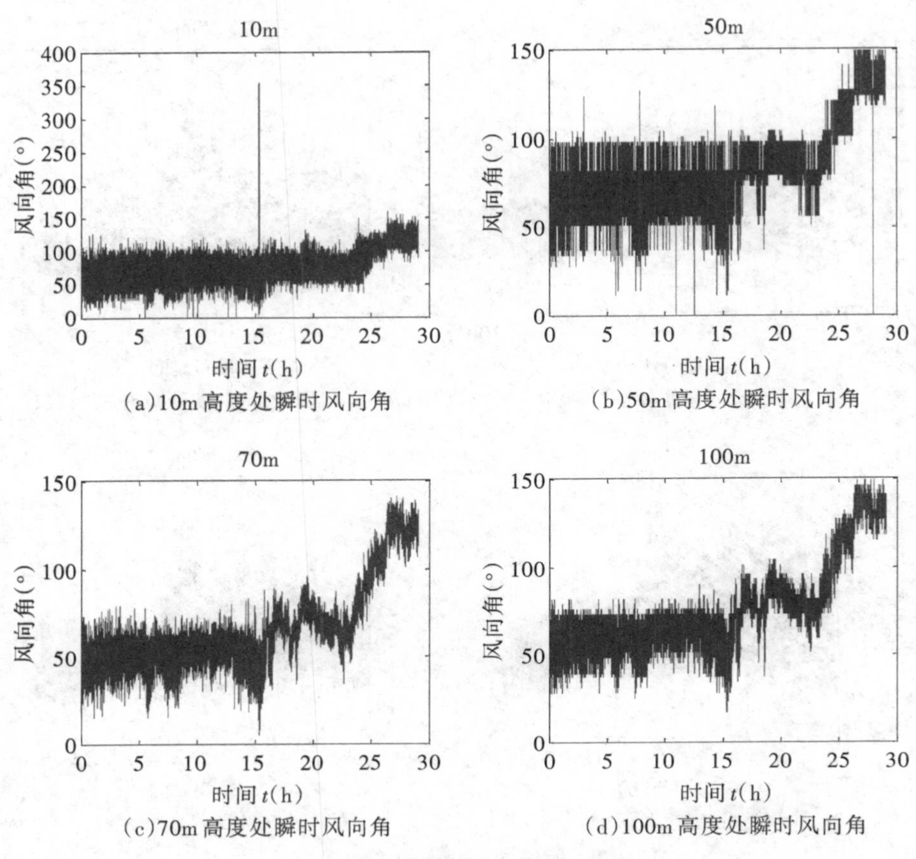

(a)10m高度处瞬时风向角

(b)50m高度处瞬时风向角

(c)70m高度处瞬时风向角

(d)100m高度处瞬时风向角

图5.4 台风“莫拉克”瞬时风向角

5.3.2 平均风速、风向角

各个国家规范关于平均风速、风向角的时距规定各有不同，我国规范选取10min。

图5.5给出了“莫拉克”的10min平均风速、风向角时程剖面。由图5.5可以看出，随着高度的增加，风速逐渐增大，5个不同高度处的10min平均风速和风向角的变化非常同步。随着台风逼近实测地点，实测点的风场逐渐呈现递增的趋势，且有多次快速增大和衰减过程，呈现出一定的周期性和脉动性。实测风速在8月9日7时左右达到最大，100m高处10min平均风速最大值为30.36m/s。

10m、30m、50m、70m和100m5个高度处的10min平均风速最大值分别为22.47m/s、26.18m/s、27.13m/s、28.91m/s、30.36m/s，分析时间段内10min平均风速的总体均值分别为15.03m/s、18.87m/s、19.95m/s、20.82m/s、21.92m/s。图5.6给出了5个高度处10min平均风速的总体均值剖面和10min平均风速最大值剖面图形，可以看出两者随着高度的变化而变化的趋势基本一致，即随着高度的增加而逐渐增大。

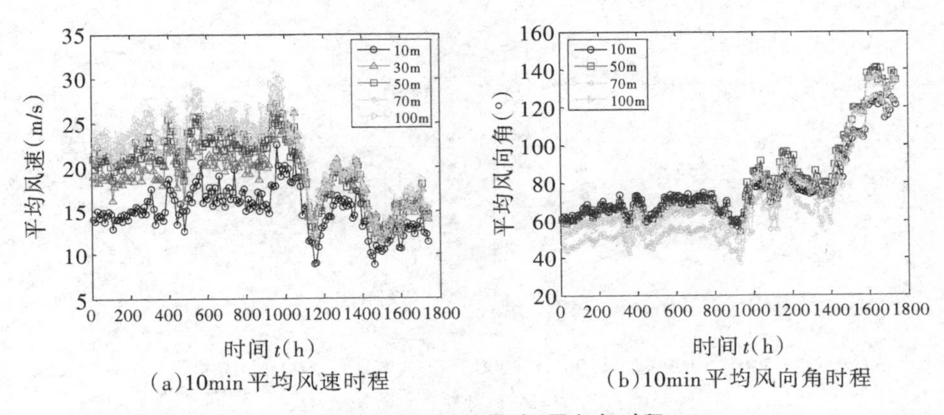

(a)10min平均风速时程　　(b)10min平均风向角时程

图5.5 10min平均风速、风向角时程

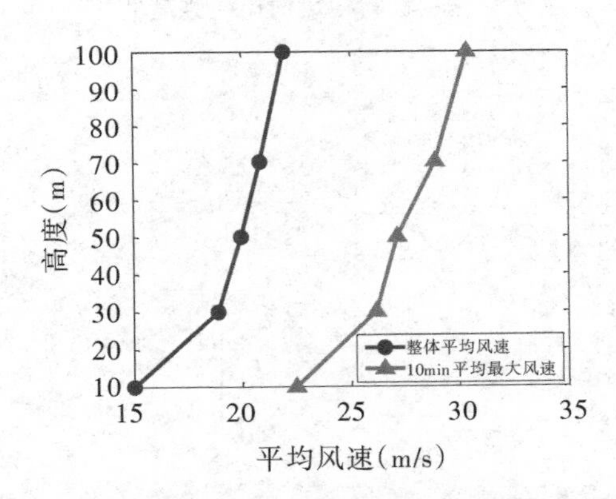

图5.6 10min平均风速的总体均值剖面和10min平均风速最大值剖面

5.3.3 湍流强度剖面

图5.7给出了“莫拉克”的顺风向、横风向湍流强度剖面变化时程。经统计，在10m、30m、50m、70m和100m高度处，顺风向湍流强度均值分别为0.1928、0.1480、0.1342、0.1141、0.1000，横风向湍流强度均值分别为0.1907、

0.1392、0.1383、0.0988、0.0963。

图5.8给出了顺风向、横风向湍流强度剖面与平均风速之间的关系，可以看出，随着风速的增大，顺风向、横风向湍流强度总体上呈现递减的趋势。图5.9(a)给出了竖向湍流强度剖面，结果表明100m内顺风向、横风向湍流强度随着高度的增加呈逐渐减小的趋势；顺风向湍流强度略大于横风向的湍流强度，且其变化趋势基本一致。

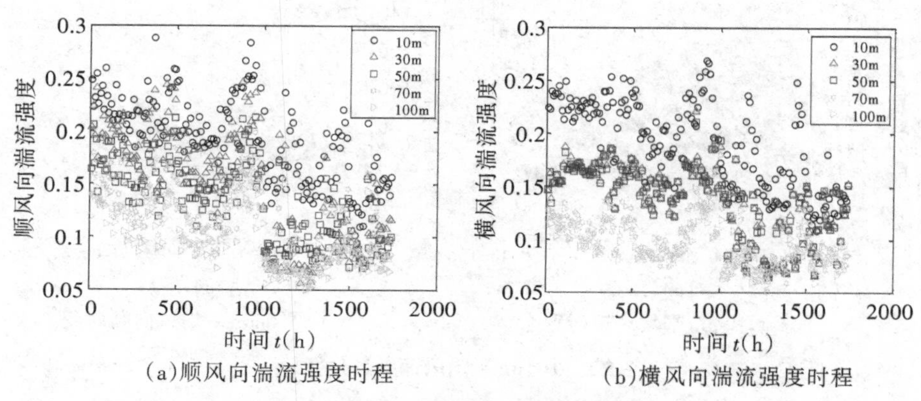

(a)顺风向湍流强度时程 (b)横风向湍流强度时程

图5.7 顺风向、横风向湍流强度时程

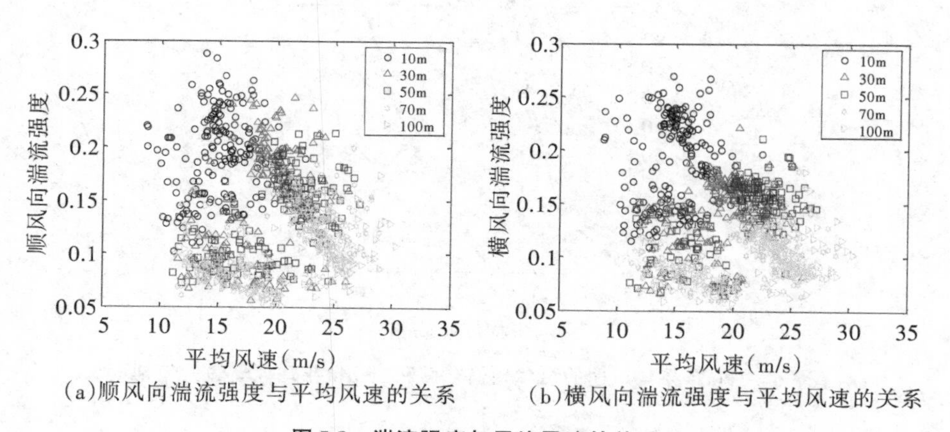

(a)顺风向湍流强度与平均风速的关系 (b)横风向湍流强度与平均风速的关系

图5.8 湍流强度与平均风速的关系

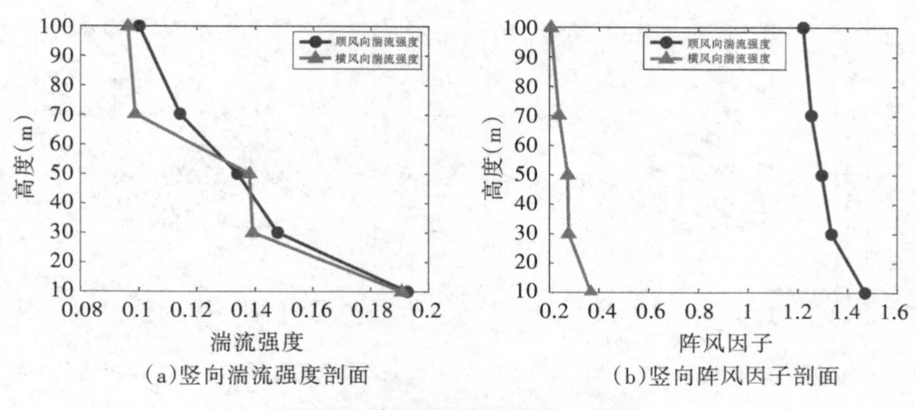

(a)竖向湍流强度剖面　　(b)竖向阵风因子剖面

图5.9　湍流强度与阵风因子剖面

5.3.4　阵风因子剖面

图5.9(b)给出了竖向阵风因子剖面,结果表明100m内顺风向、横风向阵风因子随着高度的增加呈逐渐减小的趋势,且横风向阵风因子较顺风向偏小。图5.10给出了“莫拉克”的顺风向、横风向阵风因子剖面变化时程。经统计,在10m、30m、50m、70m和100m高度处,顺风向阵风因子均值分别为1.471、1.338、1.300、1.255、1.225,横风向阵风因子均值分别为0.3709、0.2778、0.2747、0.2413、0.2084。

图5.11给出了顺风向、横风向阵风因子剖面与平均风速之间的关系,可以看出,随着风速的增大,顺风向、横风向阵风因子总体上呈现递减的趋势。

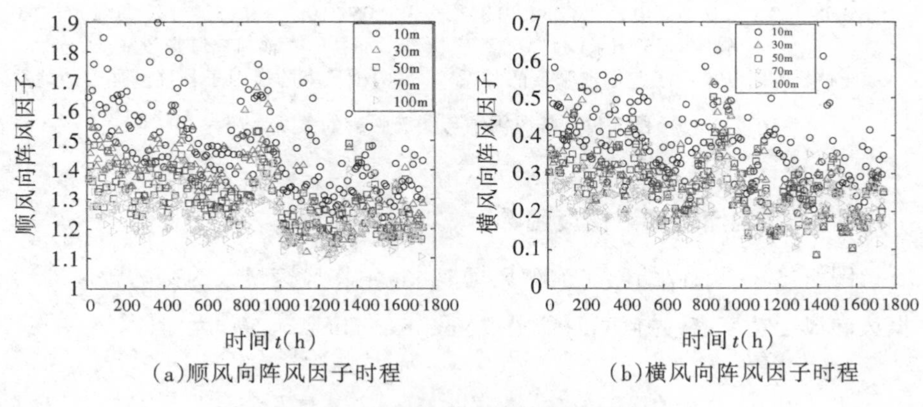

(a)顺风向阵风因子时程　　(b)横风向阵风因子时程

图5.10　顺风向、横风向阵风因子时程

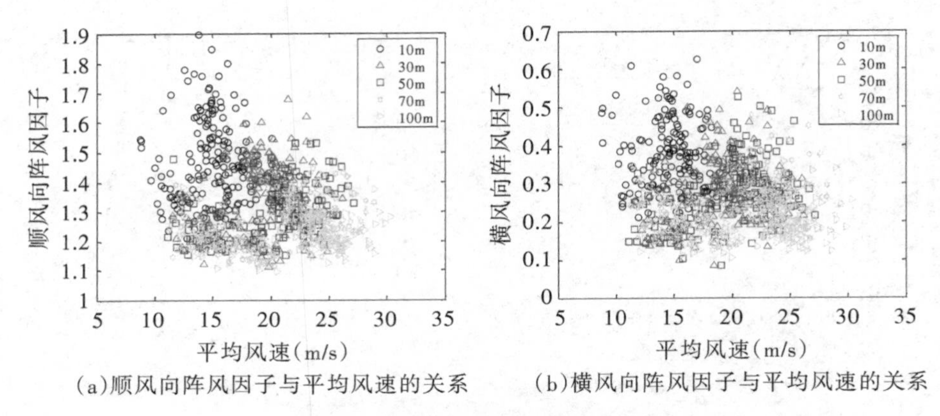

(a)顺风向阵风因子与平均风速的关系　(b)横风向阵风因子与平均风速的关系

图 5.11　阵风因子与平均风速的关系

图 5.12 给出了 5 个高度处顺风向、横风向的阵风因子与湍流强度的关系。从图 5.12 中可以发现阵风因子与湍流强度之间接近线性关系，顺风向上的线性关系更为明显，即随着湍流强度的增加，阵风因子相应增大。

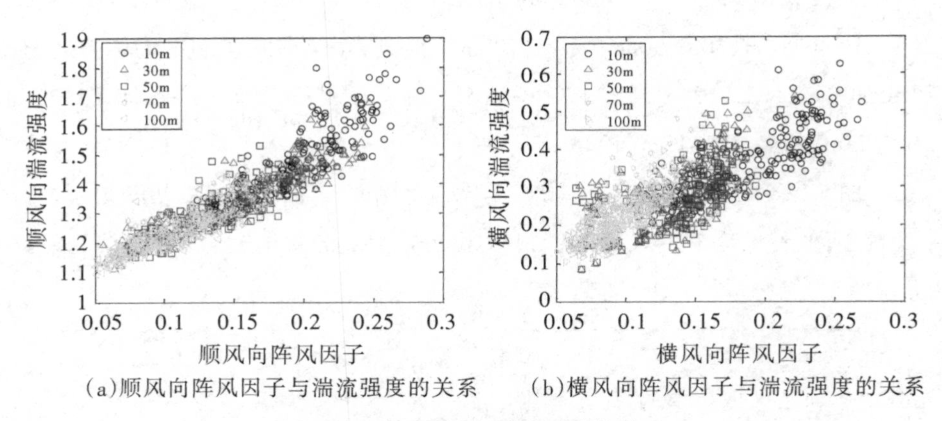

(a)顺风向阵风因子与湍流强度的关系　(b)横风向阵风因子与湍流强度的关系

图 5.12　阵风因子与湍流强度的关系

5.3.5　湍流功率谱密度函数

图 5.13 ~ 图 5.17 给出了实测风场 10min 平均风速最大时刻的顺风向和横风向风速功率谱，并且同时给出了 Von Karman 风速谱作为对比。

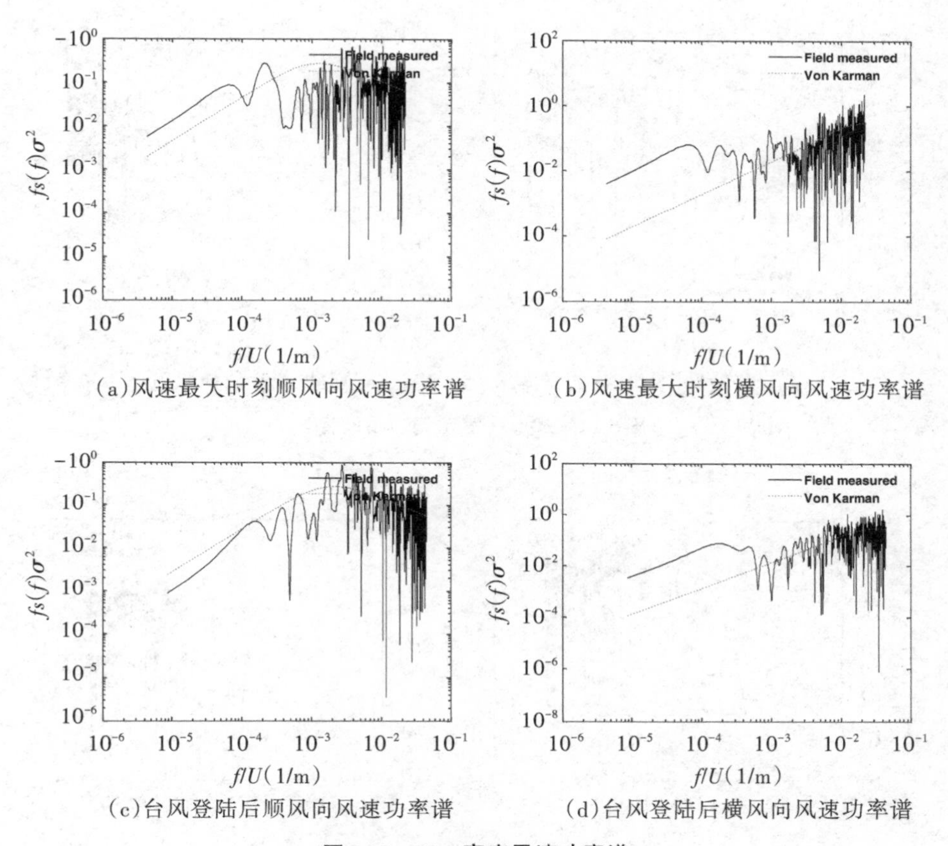

(a)风速最大时刻顺风向风速功率谱　(b)风速最大时刻横风向风速功率谱

(c)台风登陆后顺风向风速功率谱　(d)台风登陆后横风向风速功率谱

图 5.13　10m 高度风速功率谱

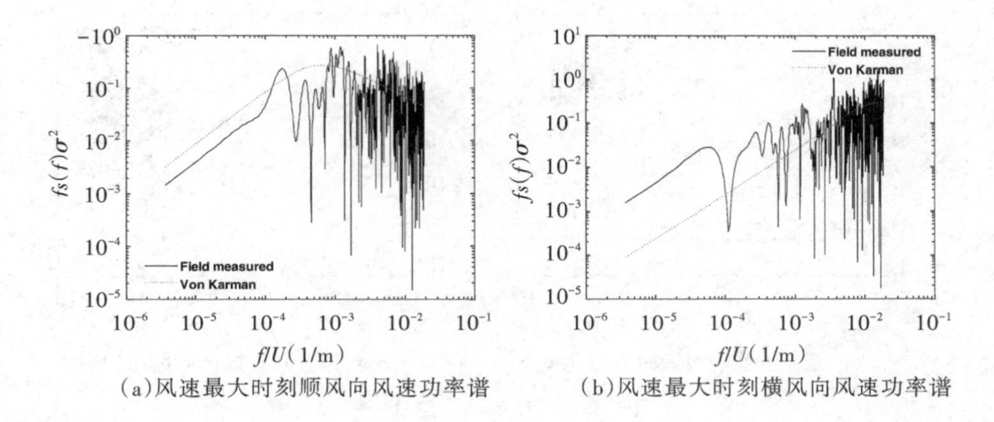

(a)风速最大时刻顺风向风速功率谱　(b)风速最大时刻横风向风速功率谱

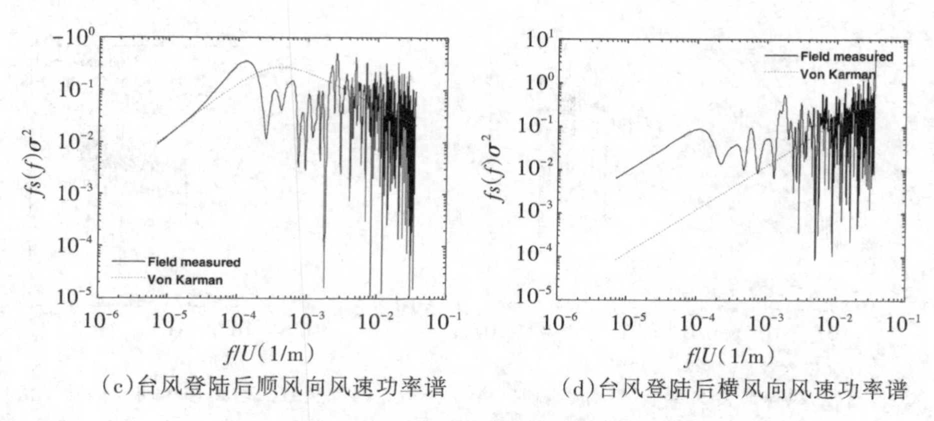

(c)台风登陆后顺风向风速功率谱　　(d)台风登陆后横风向风速功率谱

图 5.14　30m 高度湍流功率谱密度

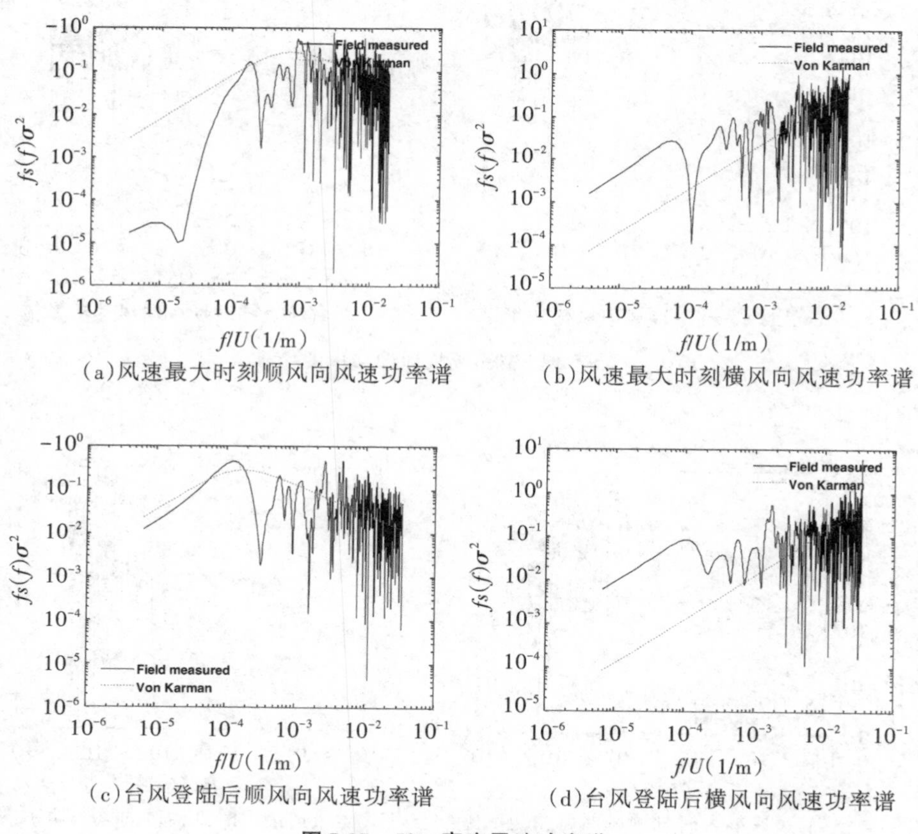

(a)风速最大时刻顺风向风速功率谱　　(b)风速最大时刻横风向风速功率谱

(c)台风登陆后顺风向风速功率谱　　(d)台风登陆后横风向风速功率谱

图 5.15　50m 高度风速功率谱

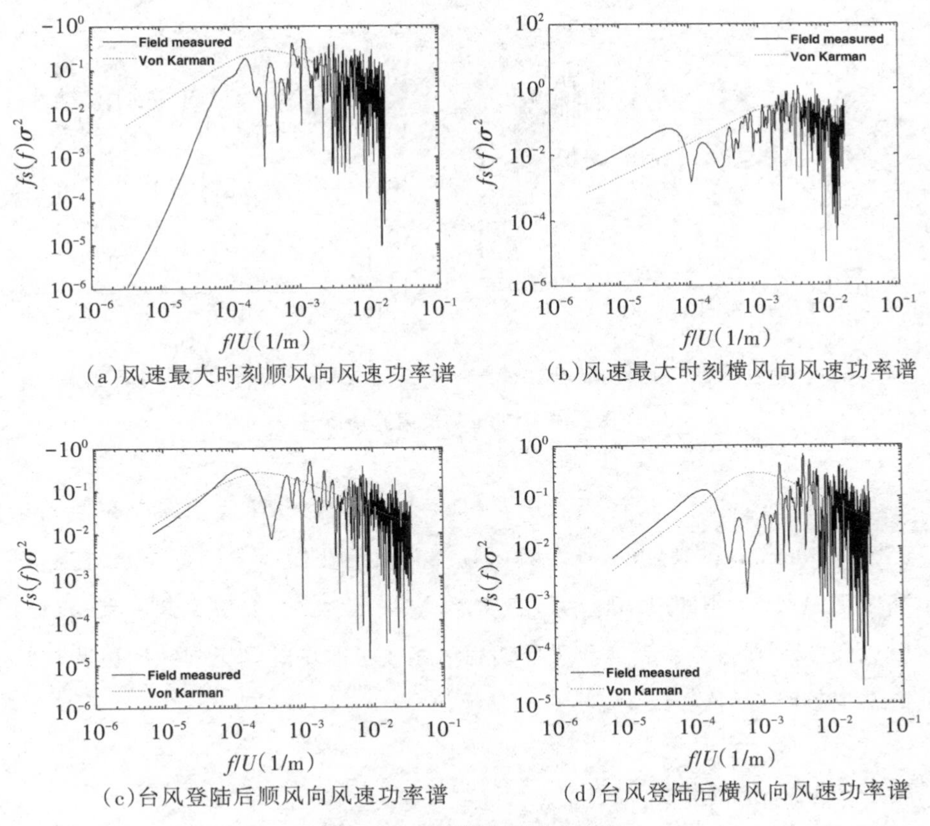

(a)风速最大时刻顺风向风速功率谱　　(b)风速最大时刻横风向风速功率谱

(c)台风登陆后顺风向风速功率谱　　(d)台风登陆后横风向风速功率谱

图5.16　70m高度风速功率谱

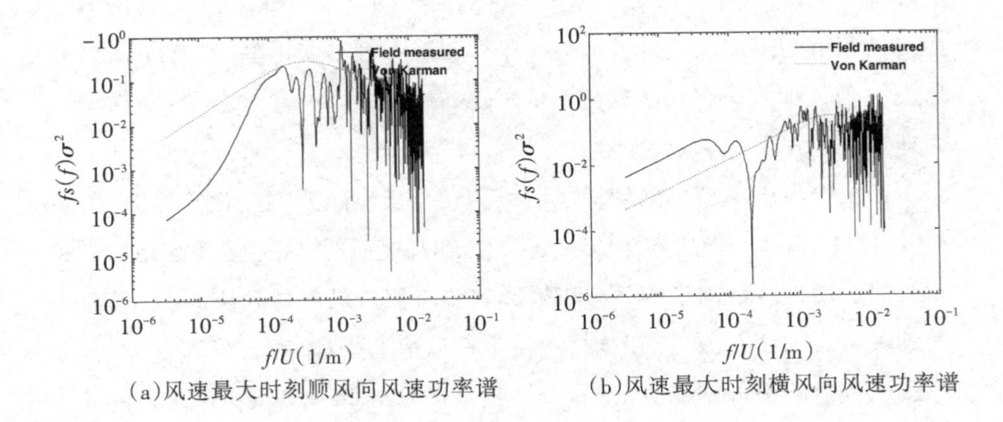

(a)风速最大时刻顺风向风速功率谱　　(b)风速最大时刻横风向风速功率谱

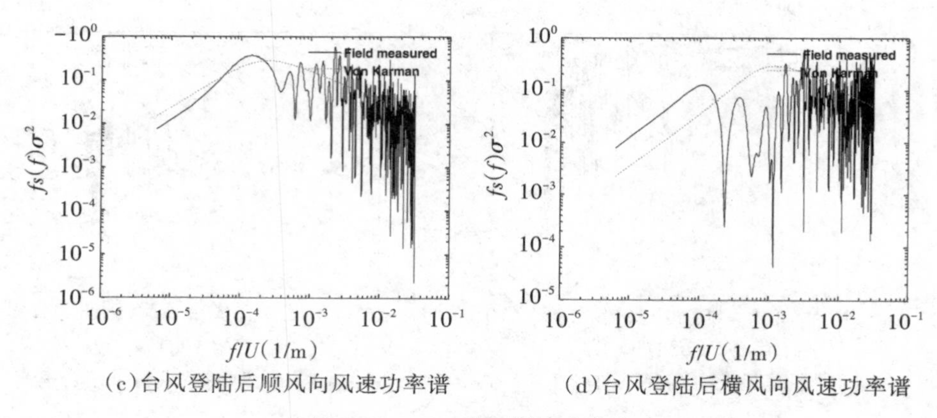

(c)台风登陆后顺风向风速功率谱　　(d)台风登陆后横风向风速功率谱

图5.17　100m高度风速功率谱

从图5.13~图5.17可以看出,台风登陆后的脉动风速功率谱在顺风向与Von Karman谱拟合较好(尤其低频部分),而在横风向相差较大;在不同高度上,顺风向和横风向脉动风速功率谱有一定变化;台风风速最大时刻的顺风向脉动风速功率谱与台风登陆后风速较小时刻的顺风向脉动风速功率谱在高频段差别较大。

5.3.6　湍流积分尺度

湍流积分尺度是表征湍流涡旋中起主导作用的湍涡的尺度,是湍流场的基本特征,在宏观上决定了脉动风影响结构的尺度范围,其分析方法的选择对其获得结果的优劣至关重要。工程实践中经常使用基于Taylor假设的自相关函数积分法和关于实测Von Karman谱拟合法等。文中选择后者作为计算分析方法。

图5.18给出了顺风向和横风向湍流积分尺度随时间变化历程图,由图5.18可以发现,顺、横风向湍流积分尺度随时间呈现出规律性及脉动性的变化趋势。图5.19给出了顺风向和横风向湍流积分尺度与10min平均风速之间的关系。由图5.19可以发现,随着平均风速的增加,顺、横风向湍流积分尺度无明显的增大或减小趋势。经统计,在10m、30m、50m、70m和100m高度处,顺风向湍流积分尺度平均值分别为119m、275m、298m、390m、440m,横风向湍流积分尺度平均值分别为7m、32m、35m、115m、85m;顺、横风向湍

流积分尺度平均值的比分别为1∶0.058、1∶0.116、1∶0.117、1∶0.295、1∶0.194，由此可见，顺风向的湍流积分尺度远大于横风向。

图5.20给出了顺、横风向湍流积分尺度整体均值随着高度变化的剖面图。结果表明，随着高度的增加，顺风向湍流积分尺度均值呈逐渐增大的趋势；在10～70m范围内，随着高度的增加，横风向湍流积分尺度均值亦呈逐渐增大的趋势，而100m处的横风向湍流积分尺度明显较70m高度处湍流积分尺度小。

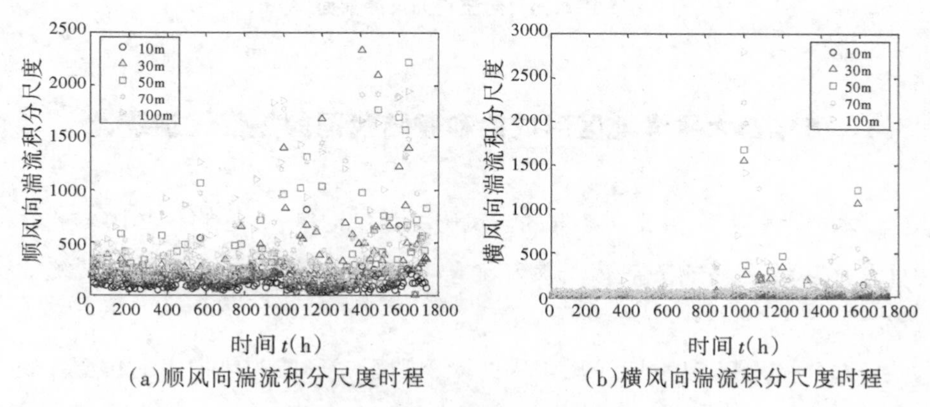

(a)顺风向湍流积分尺度时程　(b)横风向湍流积分尺度时程

图5.18　湍流积分尺度时程

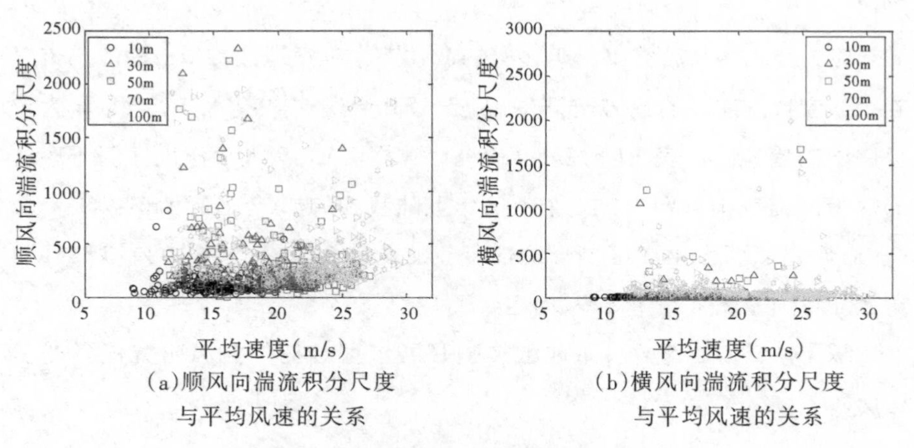

(a)顺风向湍流积分尺度与平均风速的关系　(b)横风向湍流积分尺度与平均风速的关系

图5.19　湍流积分尺度与平均风速的关系

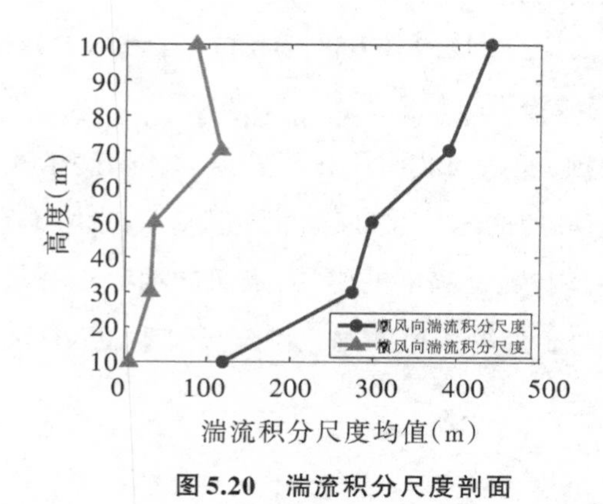

图 5.20　湍流积分尺度剖面

5.4　历年西太平洋地区形成的和登陆我国的热带气旋统计

本节根据温州台风网提供的台风历史数据记录，对 1945—2010 年间在西太平洋地区形成的热带气旋和登陆我国的热带气旋情况进行了统计分析。

表 5.1 和图 5.21 给出了历年来西太平洋区域形成的热带气旋数及其变化趋势，表 5.2 和图 5.22 给出了历年来登陆我国的热带气旋情况及其变化趋势。

图 5.21 和图 5.22 结果表明，66 年来，在西太平洋地区每年形成的热带气旋个数大致呈递减的趋势；而与之相反，登陆我国的热带气旋个数每年大致呈递增的趋势。由表 5.1 和表 5.2 的统计数据可知，西太平洋地区历年形成的热带气旋每年平均为 25.3 个。历年登陆我国的热带气旋每年平均为 6.6 个，占到整个西太平洋区域形成热带气旋数的 26.1%，其中 1989 年和 1994 年登陆我国的热带气旋最多，均达到了 12 个。

综上所述，在我国沿海地区加强开展工程结构的抗风研究任务非常迫切。

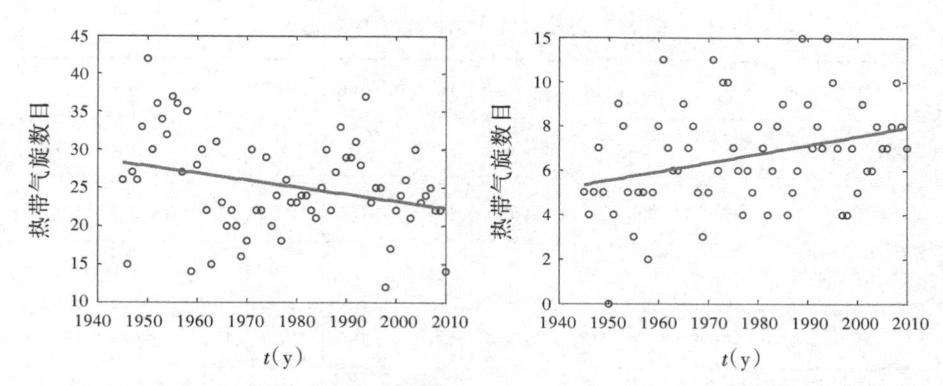

图5.21　西太平洋地区历年形成的热带气旋　　**图5.22　历年登陆我国的热带气旋**

表5.1　历年西太平洋地区形成的热带气旋统计

年份	—	—	—	—	1945	1946	1947	1948	1949	1950
热带气旋数	—	—	—	—	26	15	27	26	33	42
年份	1951	1952	1953	1954	1955	1956	1957	1958	1959	1960
热带气旋数	30	36	34	32	37	36	27	35	14	28
年份	1961	1962	1963	1964	1965	1966	1967	1968	1969	1970
热带气旋数	30	22	15	31	23	20	22	20	16	18
年份	1971	1972	1973	1974	1975	1976	1977	1978	1979	1980
热带气旋数	30	22	22	29	20	24	18	26	23	23
年份	1981	1982	1983	1984	1985	1986	1987	1988	1989	1990
热带气旋数	24	24	22	21	25	30	22	27	33	29
年份	1991	1992	1993	1994	1995	1996	1997	1998	1999	2000
热带气旋数	29	31	28	37	23	25	25	12	17	22
年份	2001	2002	2003	2004	2005	2006	2007	2008	2009	2010
热带气旋数	24	26	21	30	23	24	25	22	22	14

表 5.2　历年登陆中国的热带气旋统计

年份	—	—	—	—	1945	1946	1947	1948	1949	1950
热带气旋数	—	—	—	—	5	4	5	7	5	0
年份	1951	1952	1953	1954	1955	1956	1957	1958	1959	1960
热带气旋数	4	9	8	5	3	5	5	2	5	8
年份	1961	1962	1963	1964	1965	1966	1967	1968	1969	1970
热带气旋数	11	7	6	6	9	7	8	5	3	5
年份	1971	1972	1973	1974	1975	1976	1977	1978	1979	1980
热带气旋数	11	6	10	10	7	6	4	6	5	8
年份	1981	1982	1983	1984	1985	1986	1987	1988	1989	1990
热带气旋数	7	4	6	8	9	4	5	6	12	9
年份	1991	1992	1993	1994	1995	1996	1997	1998	1999	2000
热带气旋数	7	8	7	12	10	7	4	4	7	5
年份	2001	2002	2003	2004	2005	2006	2007	2008	2009	2010
热带气旋数	9	6	6	8	7	7	8	10	8	7

5.5　温州地区历年的最大风速统计

基于温州市区及各县的气象观测站的历史风场观测数据，本节对温州历年的最大风速（一年中10min平均风速的最大值）进行了统计分析，其结果如图5.23所示。

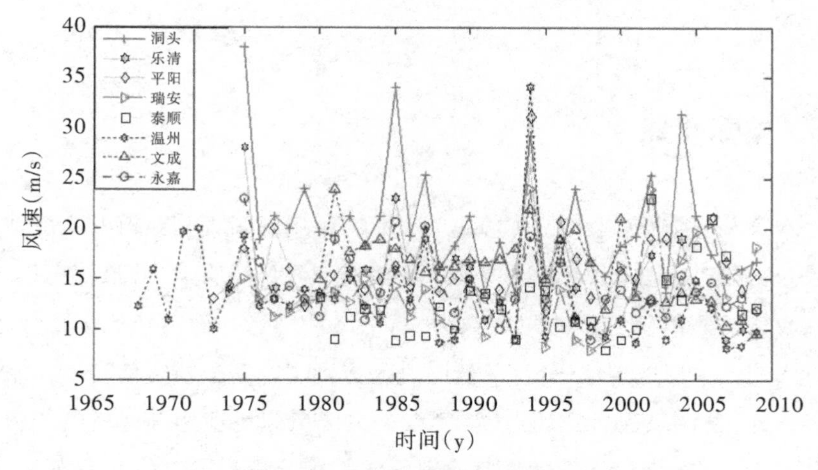

图5.23　温州地区历年最大风速变化情况

由市区及各县历年最大风速分布图5.23可以看出，1968～2010年，温州市各地的年最大风速整体在8.0～38.0m/s范围内波动，温州各地的年最大风速大体上呈逐渐减小的趋势。经分析，年最大风速减小的主要原因可能为随着经济的快速发展，温州市区和各县本站周围区域的建筑物越来越多，越来越高，使得本站周围的地面粗糙度越来越大，从而导致风速变小。

从图5.23还可以看出，温州各地的年最大风速变化较大，历年的台风对其最大风速有很大影响。如1975年的4号台风、1985年的6号台风和1994年的17号台风席卷温州，影响很大，使得这些年份各地区的年最大风速普遍大幅高于其他年份。

随着气象站周围地表粗糙度的变化，气象站观测得到的年最大风速呈递减趋势。近地风场剖面的变化非常同步。随着平均时距的减小，台风的平均风速最大值大幅增加，且顺风向湍流强度均值减小得比横风向快。1min和3s平均时距风参数能更好地反映出风场的脉动性和变化规律。

5.6 本章小结

本章基于2009年在台风“莫拉克”影响温州期间观测获得的实测数据，深入分析了苍南县100m高度内的风环境特征与风场特性，并且根据作者近年来收集整理的相关历史气象数据，对沿海地区近地面台风风场特性和热带气旋的相关形成规律进行了统计分析，得到了如下主要结论：

(1)随着台风逼近实测点，实测点的风场风速呈现逐渐递增的趋势，且有多次快速增大和衰减过程，呈现出一定的周期性和脉动性。实测风速在台风登陆前9h左右时达到最大，风速达到最大后，迅速衰减，然后再增大、衰减，但强度远远小于台风强度最大时刻。不同高度处10min平均风速的总体均值剖面和10min平均风速最大值与高度的变化规律基本相似，即随着高度的增加而逐渐增大。

(2)在10m、30m、50m、70m和100m高度处，顺风向湍流强度均值分别为0.1928、0.1480、0.1342、0.1141、0.1000，横风向湍流强度均值分别为0.1907、0.1392、0.1383、0.0988、0.0963；随着风速的增大，顺、横风向湍流强度总体上呈现递减的趋势；结果表明100m内顺、横风向湍流强度随着高度的增加呈逐渐减小的趋势；顺风向湍流强度略大于横风向的湍流强度，且两者变化趋势与现行规范基本一致。

(3)在10m、30m、50m、70m和100m高度处，顺风向阵风因子均值分别为1.471、1.338、1.300、1.255、1.225，横风向阵风因子均值分别为0.3709、0.2778、0.2747、0.2413、0.2084；随着风速的增大，顺、横风向阵风因子总体上呈现递减的趋势；100m内顺、横风向阵风因子随着高度的增加呈逐渐减小的趋势，且横风向阵风因子取值明显较小；阵风因子与湍流强度之间基本为线性关系，顺风向的线性关系更加显著。

(4)台风登陆后的脉动风速功率谱与Von Karman风速谱在顺风向吻合得较好(尤其是低频部分)，而在横风向相差较大；在不同高度上，顺风向和横风向脉动风速功率谱均有一定的变化；台风风速最大时刻的顺风向湍流功率谱与台风登陆后风速较小时刻的顺风向湍流功率谱在高频段差别较大。

（5）随平均风速的增加，顺、横风向湍流积分尺度无明显的增大或减小趋势；在10m、30m、50m、70m和100m高度处，顺风向湍流积分尺度平均值分别为119m、275m、298m、390m、440m，横风向湍流积分尺度平均值分别为7m、32m、35m、115m、85m；顺风向和横风向湍流积分尺度平均值的比分别为1∶0.058、1∶0.116、1∶0.117、1∶0.295、1∶0.194，顺风向的湍流积分尺度远大于横风向；随着高度的增加，顺风向湍流积分尺度均值呈逐渐增加的趋势；在10～70m范围内，随着高度的增加，横风向湍流积分尺度均值呈逐渐增加的趋势，而100m处的横风向湍流积分尺度明显较70m高度处湍流积分尺度小。

（6）西太平洋地区历年形成的热带气旋个数大致呈递减趋势，而历年登陆我国的热带气旋的变化规律与之相反，呈逐年递增的趋势，表明在我国沿海地区加强开展工程结构的抗风研究任务非常迫切。台风对沿海地区的年最大风速影响非常大。随着气象站周围的建筑物变得更多、更高，其周围地表的粗糙度越来越大，气象站观测得到的年最大风速呈递减趋势。

由于实测数据的局限性，文中结论只限于该文特定风场环境的情况。今后有必要进一步积累实测数据，为探讨沿海地区复杂场地上的近地面强/台风风场特性及其变化规律提供更丰富的实测分析研究成果。

相关的论文见文献140和文献148。

第6章 特定环境风廓线特征的实测研究

6.1 引 言

对于台风的抗灾减灾分析一直是备受重视的科学问题。而台风风场特征是其中的重点领域，尤其在风廓线及湍流统计方面，过去数十年，很多学者已做了相当丰富的观测试验研究，而且提出在不同地形地貌下大气边界层风剖面的理论和经验模型，如对数律、指数律和D-H风廓线模型等，尤其最近十年，因为实验方法、手段和设备的提高，研究具备了进一步加速的趋势。

由于建造价格昂贵或利用既有合适塔楼的不易，采用各种多普勒声雷达研究风场特征是比较好的实验方法。Davies，Gryning，Kelly，Tamura，姚博，王栋成等[99-104]与其研究团队各自分别在不同的地形、不同的高度下研究了强风的风廓线、平均速度、水平及竖向湍流强度、湍流积分尺度等变化特性。Emeis[105]探索了在各种气象条件下风能的利用潜力。赵坤等[106]利用飓风速度体积分析法(HVVP)，反演边界层风场变化规律。Franklin et al.[107]利用GPS探空观测数据重点分析边界层风剖面特征。Hideki Kikumotoa et al.[108]在各种风速条件下对城市边界层内指数律风廓线进行了近似的实测研究。Drew et al.[109]使用激光雷达对英国城市上空的风速分布进行了实测分析。李秋胜等[110-113]基于沿海地区强台风登陆中的近地风场特性实测，对台风的风速风向、阵风因子、湍流强度、湍流积分尺度等风场参数和风速谱的特性进行了分析，认为风剖面符合指数律和对数律模型。李利孝等[114]基于风观测塔和风廓线雷达实测的数据，对强台风黑格比的边界层风剖面特征进行了研究，分析了D-H等经验模型的适用性。赵林等[115,116]利用长时的气象观测数据，得出台风风场具有较强的变异性观点，并讨论了风环境参数对于台风极值风速变化的影响程度及其取值特点。方平治等[117]对多个台风影响下福州地区的风廓线特征进行了研究，计算了各高度对应的梯度风速，运用指数律拟合风廓线，并对10m高度的地表风速和梯度风速的风速比进行了分析。赵小平等[118]利用位于海南文昌市的90m测风塔观测的强台风“海鸥”多层次数据，获得了台风登陆期间近地层风场时空变化规律，包括垂直风切变、湍流强度及阵风因子等风场特性的影响特征。

但由于台风影响的复杂性及环境的多样性，台风风廓线实测还远不够，仍需要做更进一步的实验观测，以充实实测数据库基础数量，提高分析研究的深度和广度，为建筑结构的抗风设计提供更准确的模型参考。基于以上考虑，本节对台风“玛莉亚”过境实测点A和实验楼B时，在不同平均速度和时距下的风场变化特性规律进行了初步的分析探讨，且定量讨论了风廓线经验模型的性能。

6.2　台风、仪器设备及实测过程简述

6.2.1　台风简介

2018年第8号台风“玛莉亚”于7月4日20时在关岛以东洋面生成，生成后一直向西北偏西方向移动，强度快速增强，6日5时增强为超强台风，11日9时10分在福建连江黄岐半岛沿海登陆，登陆时近中心最大风力14级（42m/s），中心最低气压960hPa。登陆后继续向西北偏西方向移动，强度减弱。台

风"玛莉亚"移动线路及浙江温州实测风环境如图6.1所示。

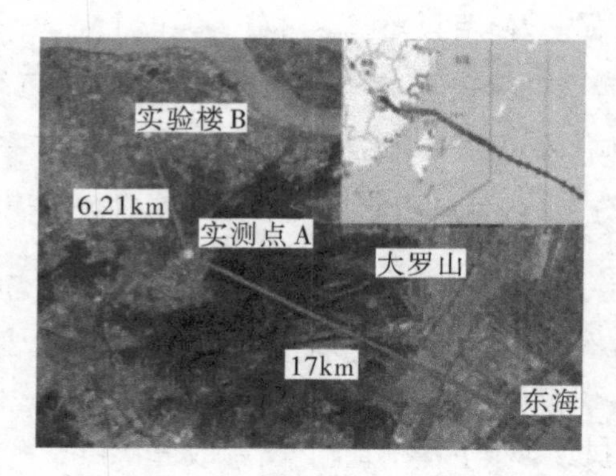

图6.1 实测点A和实验楼B环境及台风"玛莉亚"移动线路

6.2.2 仪器设备

本节实验中实测点A使用的仪器是德国SCINTEC公司生产的MFAS风廓线声雷达，如图6.2所示，主要用来对低层大气进行风向、风速和扰动的分布特征进行远程测量。系统参数主要有：波束宽度为0°、±22°、±29°；垂直分辨率为10m；最小测量高度20m；最大测量高度1000m；平均时间1～60min；水平风速精度0.1～0.3m/s；垂直风速精度0.03～0.1m/s；风向精度1.5°；水平风速量程0～50m/s；垂直风速量程-10～10m/s。实验楼B使用的仪器是YOUNG机械风速仪。

图6.2 实测的仪器设备

6.2.3 实测过程

本章根据安装在温州大学茶山校区的声雷达和温州华盟广场的风速仪对台风“玛莉亚”过境进行了全程实测，并对得到的大量数据进行了分析、处理和总结。

6.3 应用的理论、经验模型

本节主要应用对数律、指数律和D-H3种风廓线模型进行风场分析，以及利用统计学的积差法和F-检验方法进行相关性研究。

6.4 风廓线、风场特性分析

根据实测数据，从7月11日2时21分开始，选取实验点A的1140条水平平均风速(1min)风廓线和实验楼B顶部风速作为研究样本。

实验地点受到台风7级和10级风圈的影响时，本节以实验点A选取研究样本的100m高度数据为例，随着台风中心的逐渐靠近，风向角缓慢增加，从东风变为东偏南风；平均风速逐渐增大，台风登陆时，风向角和平均风速均发生了突变，1min平均风速快速增加，达到最大值30.2m/s；风向角从130°跳跃到350°以上，并继续逐渐增加，最终稳定在约360°，风向风速如此变化可能是登陆台风高速风圈已急速衰减，而由依旧在海面上的风圈影响所致，也有可能是受到实验点周边环境影响。变化过程如图6.3所示，基本符合台风登陆时的典型“M”型模式。

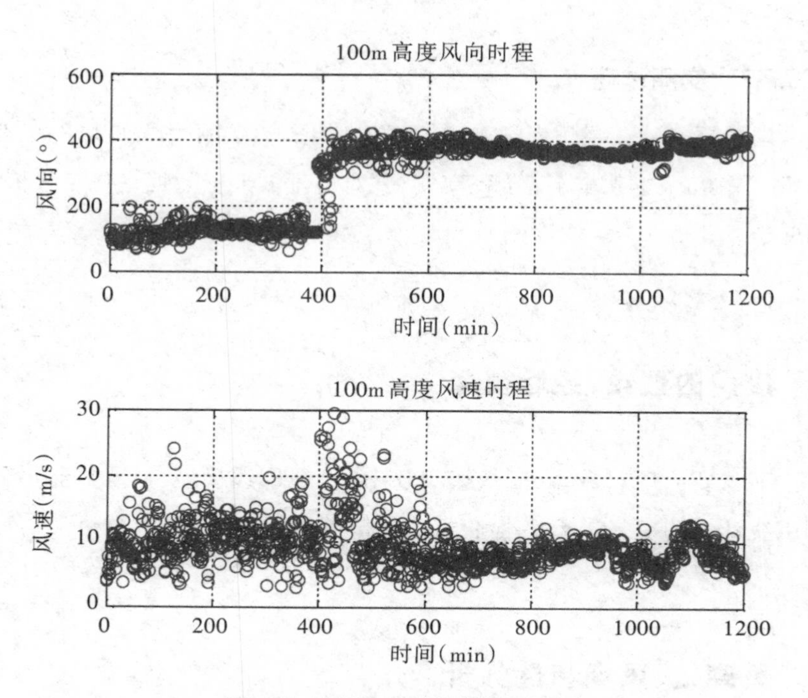

图 6.3 实测台风的风向、风速时程

6.4.1 平均风速、风向的相关性

由图 6.4(a)可以得出，根据 2018 年 7 月 11 日 5 时 20 分开始的相距 6.21km 的实测点 A 和实验楼 B 选取 300min 风速数据的线性相关分析，不同环境、不同地貌下(分属 B 类和 C 类粗糙度地面)，高度基本相同的(相差 4m) 2 个实测点的平均风速达到高度线性相关，$r = 0.825$，特别是实测点 A 的平均风速数值超过 10m/s 后，平均风速越大时，2 个实测点相关性越明显；随着高度差异越大，相关性变小；时间段间距选取越小，则相关度越高，取 150min 时段分析，其相关度 $r = 0.859$。而由图 6.4(b)可知，2 个实测点 300min 风向的相关度 $r = 0.623$，为显著相关，如分析时段取 150min，则 $r = 0.851$，达到高度相关；高度差异越大，相关性越小；风速越大，风向的相关性越高，与风速结论相似，但风向更易受地形、环境、粗糙度等因素的影响，更容易发生变化，也因此更加难以确定。

由上述可知，在台风条件下，即使不同环境地貌两点间的距离远大于其通常的湍流积分尺度，只要在同一级别台风风区内，即同一风涡旋内，其平均风速及风向变化规律还是具有较大的相似性。

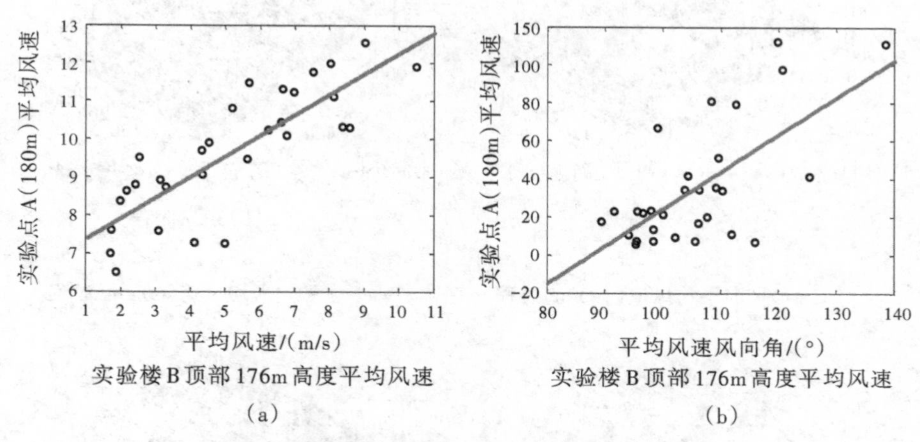

图6.4　两个实测点台风下风速、风向线性相关分析

6.4.2　1-3-10-60min平均风速的特性及比较

根据实测实验点A的数据选取的风廓线研究样本，在不同时距下对其进行了计算分析，结果如图6.5所示。由图6.5可以得到，总体上，台风影响过程可分为影响期、暂息期、登陆期和稳定期，其风场特性中的水平平均速度随台风影响时程的变化而变化，在较短时距、中时距、较长时距，其规律较为相似，即随高度增加而增加，随平均时距增大而减小，而且时距越大，三维曲面越是圆滑，平均风速变化愈加平缓。

具体表现为，1min三维曲面平均风速沿高度变化最为剧烈，绝对值也最大，影响期、登陆期极为相似；3min三维曲面平均风速沿高度变化虽略为平缓，但增加速度还是较快，最大绝对值仍达28.0m/s，影响期明显较登陆期光滑；10min三维曲面平均风速沿高度虽有变化，但已较为平缓，最大绝对值降为18.6m/s，但影响期、登陆期还是明显较稳定期突出；60min三维曲面平均风速沿高度虽略有变化，但变化已相对平缓，曲面已相当光滑，最大绝对数值为15.8m/s，整个登陆期曲面仍较为突出，影响期却是明显趋同于稳定期。

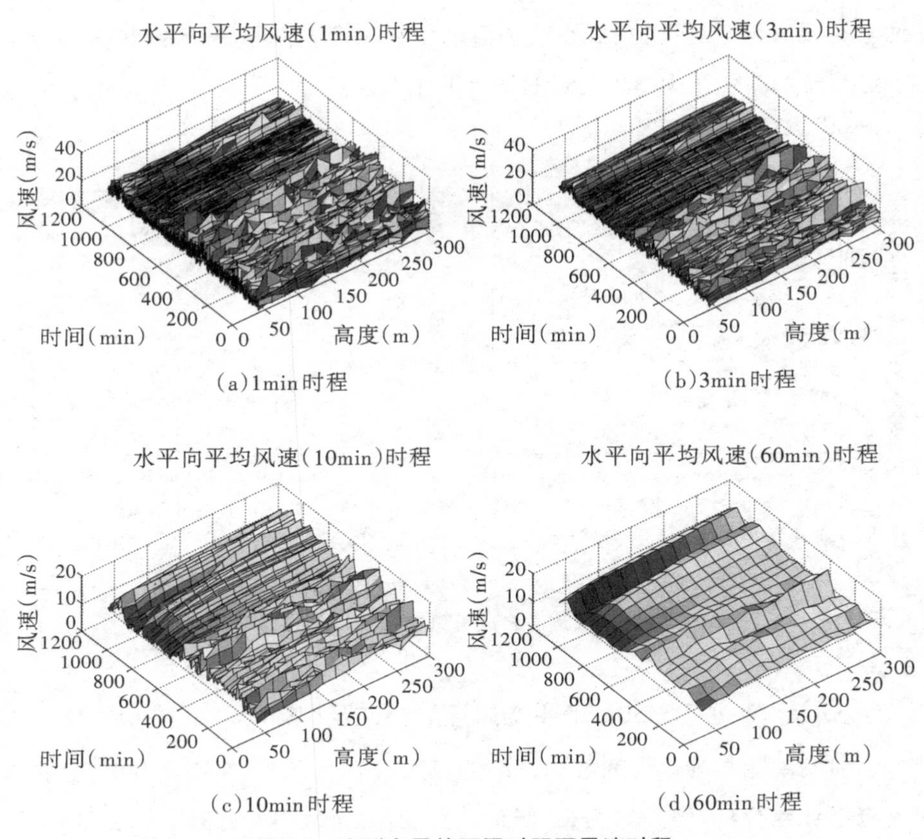

(a)1min时程 (b)3min时程

(c)10min时程 (d)60min时程

图6.5 实测台风的不同时距下风速时程

6.4.3 风剖面拟合曲线系数分析

根据上述台风影响4个期段的特性不同，由数据水平平均风速和高度相关的特性画出风廓线图，取其具代表性的10min风廓线数据，进行形如$Y = bX^a$的拟合，不同过程拟合代表值a，b如表6.1所示，可以得到影响期和登陆期的粗糙度指数很接近，而稳定期和暂息期则非常相似，这也符合对于风场结果的预期。

表6.1　台风过程水平风速拟合粗糙度指数

台风过程	影响期	暂息期	登陆期	稳定期
a	0.140	0.297	0.148	0.305
b	5.465	2.561	5.180	1.645
近似曲线	指数律	D-H模型	指数律	D-H模型

台风登陆前240min的影响期，随着10级风圈靠近，风速逐渐增大，各高度层风速变化剧烈，越靠近高空，风速逐渐变大，由于空气与地表的摩擦力影响相对变小，沿高度增加风速变大，风廓线轮廓逐渐陡峭，规律性比较明显，如图6.6(a)所示。

较为短暂的约60min的暂息期，各个高度大部分平均风速暂时趋小，风廓线轮廓逐渐变得平缓，趋近于D-H模型，如图6.6(b)所示。

至台风的登陆期，平均风速达到最大，风廓线轮廓复又陡峭，此时实测风剖面的拟合曲线指数$a=0.148$，与规范规定的B类地面粗糙度指数取值0.150非常接近，与美国、日本、加拿大规范的取值0.143、0.150、0.140相比，均亦相当接近，如图6.6(c)所示。

台风登陆240min后，外围风圈影响减弱，平均风速进一步降低且趋于稳定，但由于下层摩擦阻力的持续作用，风廓线轮廓继续放低，此时沿整个高度的实测风剖面的规律性和稳定性较好，实测的拟合风剖面接近D-H模型曲线，如图6.6(d)所示。综上所述，可以初步推断，随着台风靠近实测点，影响加剧，水平风剖面曲线轮廓将逐渐变陡；指数模型和D-H模型可以分别适用于台风显著影响及较小影响的不同作用阶段。

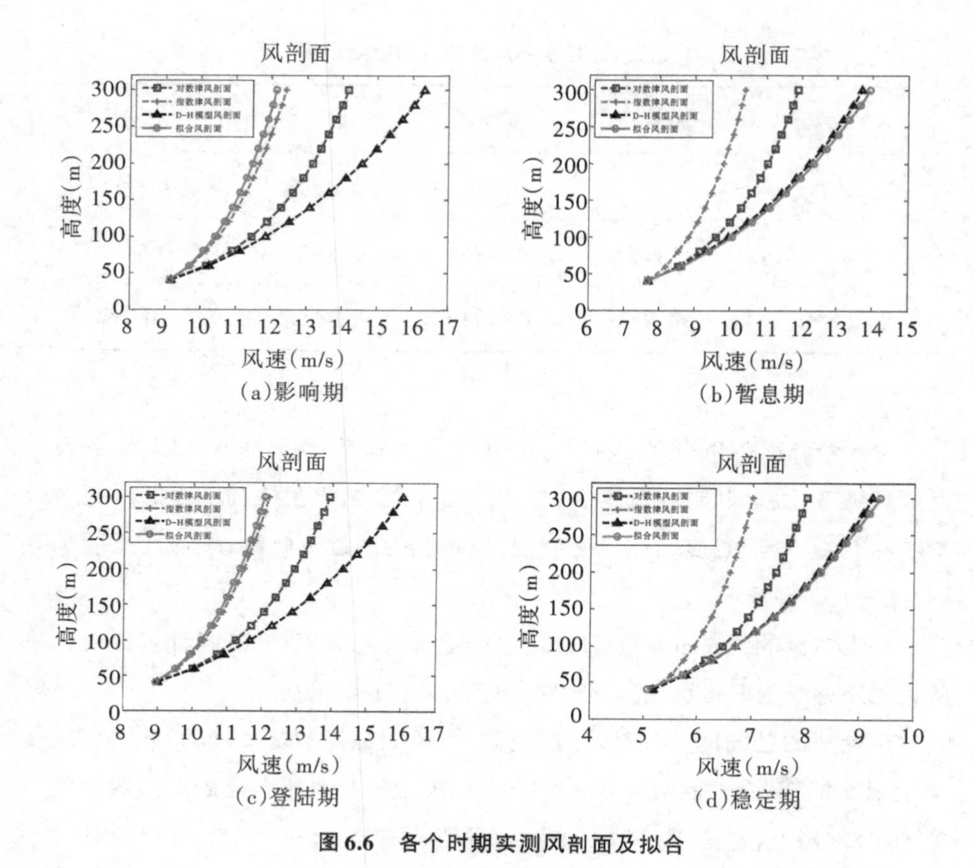

图 6.6　各个时期实测风剖面及拟合

应用指数律拟合的指数值与平均风速之间的关系,如图 6.7 所示,可以得出,随着水平平均风速 V 的增大,指数律拟合的指数 a 逐渐减小。其线性关系可以用 F 检验方法进行两者的相关性分析:

$F = (S_{yy} - S_e)/(S_e/(N-2)) = 9.8355 > F_{0.01(1,112)} = 6.8534$,即拒绝 H_0: b=0的假设,由此可以判断拟合的线性回归方程 $a = 0.3678 - 0.0192 * V$ 的效果是显著的。

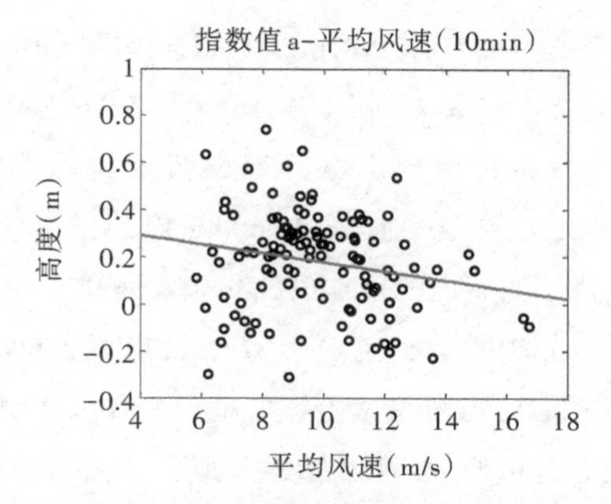

图6.7　风剖面拟合粗糙度指数与平均风速关系

6.4.4　水平平均风速及水平风速标准差

如图6.8(水平风速标准差与平均风速关系)、图6.9所示(水平风速标准差和平均风速比值与平均风速关系),可以得出,在台风“玛莉亚”作用下,随着水平平均风速的增加,超高层建筑表面的动压力也随着增大,但动压力与静压力的比值随着水平平均风速的增大而减小。

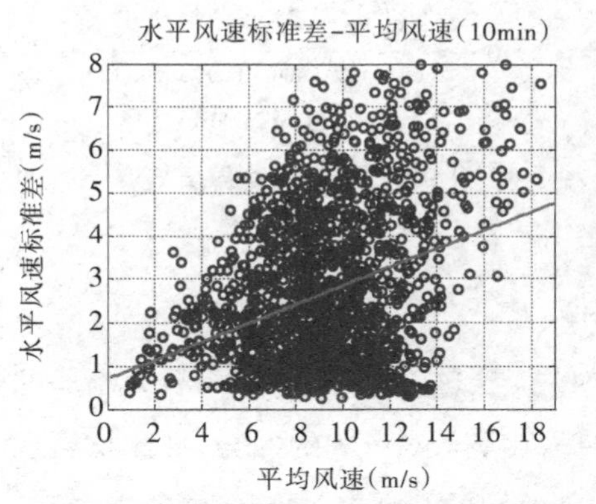

图6.8　水平风速标准差与平均风速关系

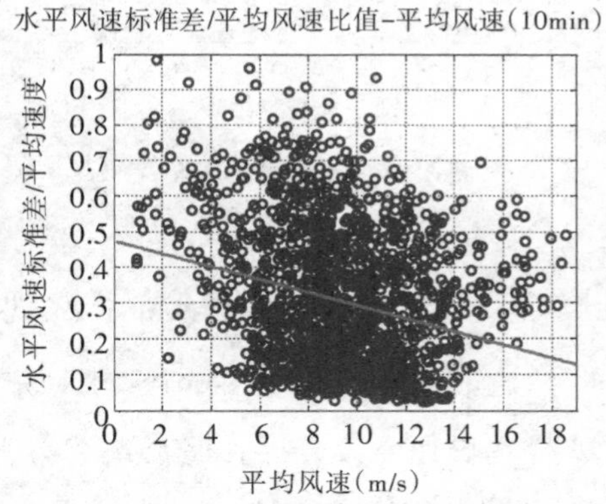

图6.9. 水平风速标准差和平均风速比值与平均风速关系

6.4.5　各点的边界层高度

根据边界层高度表示式$h=u_*/Bf$,通过计算获得了台风影响整个过程的风廓线样本边界层高度的数学期望为1421m,各个时期(影响、登陆、稳定)的数学期望值分别为1375m、1931m和1273m,如图6.10所示。由图6.10可以得到:与《建筑结构荷载规范》(GB 50009-2012)中B类地形的取值350m相比,台风的各种边界层高度计算值普遍偏大,分别增大306%、293%、452%和264%,在台风登陆期的前60min更甚,边界层高度数学期望增大了4.5倍以上;即便与平时的良态风(24h风廓线样本,见图6.11)边界层高度数学期望值510m相比,亦分别增大179%、170%、279%和150%。上述结果可能与登陆前和登陆后阶段试验点只是受到台风外围的影响,而登陆时受到台风核心风区的影响,边界层高度陡然增大有关;亦与实验点周边的地貌影响有关;当然也与规范的取值可能偏小有关。这个差别将对风场特性的选取、建筑结构表面风压及风致振动的计算分析产生较大的影响。

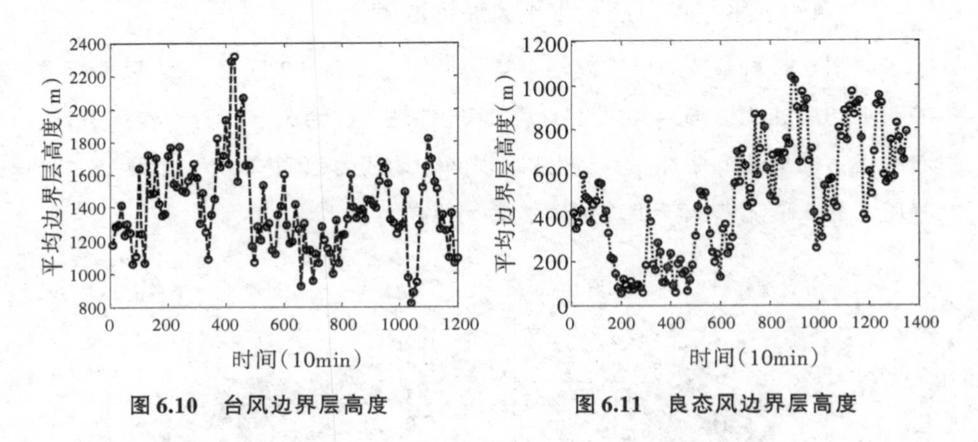

图6.10　台风边界层高度　　**图6.11　良态风边界层高度**

6.4.6　竖向平均速度的变化规律

选取114条(与水平向平均风速对应)竖向平均风速(10min)风剖面曲线样本进行研究分析,并进行$y = a_1x + b_1$和$y = cx^d$形式的拟合,得到拟合系数,a_1、b_1、c和d平均值分别为0.0042,0.3051,0.5938和0.5006,影响期、暂息期、登陆期和稳定期各时段系数相互之间的差异不大。

如图6.12所示,根据各高度竖向平均风速时程可以发现,随着高度增加,竖向速度值也相应增大,至200m时达到局部高点,然后缓慢减小,与水平速度在此高度时亦达到阶段性峰值的结论基本相似。

在100m高度以下,各个时期并没有特别大的不同,但在100~300m高度,影响期和登陆期的竖向风速与其他各阶段的差异则非常明显,同一高度下竖向平均速度明显有M形的变化过程,表明这两个阶段台风对测点风速的影响非常显著。

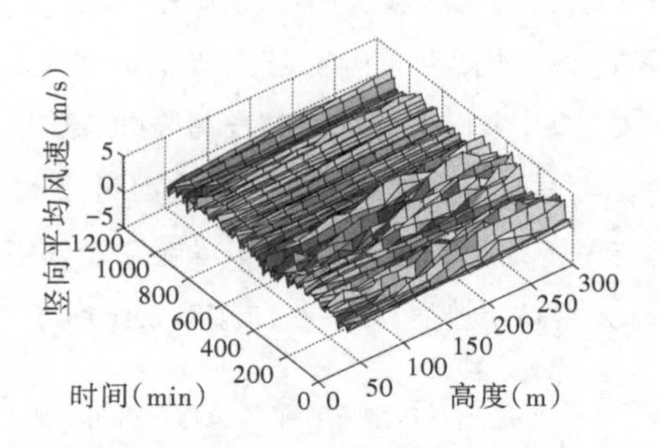

图6.12　各高度竖向平均风速(10min)时程

6.4.7　各个影响期的竖向最大平均风速与水平平均风速的比值

如图6.13所示为竖向平均速度与水平平均速度的比值,从中亦明显可以得出有两个台风影响显著时段(影响期、登陆期),100～220min和400～600min,竖向平均风速度占比水平向平均风速度数值较大,最大值达1.7,这样的变化过程与水平平均风速的变化规律相吻合。另外,在上述两个期段,影响期和登陆期的V_v/V_h值较大,意味着竖向平均风速较其水平向的变化程度更加剧烈,而竖向风速的变化正是建筑及膜结构顶盖风压产生的主要原因,因此其研究结果有着重要的现实指导意义。

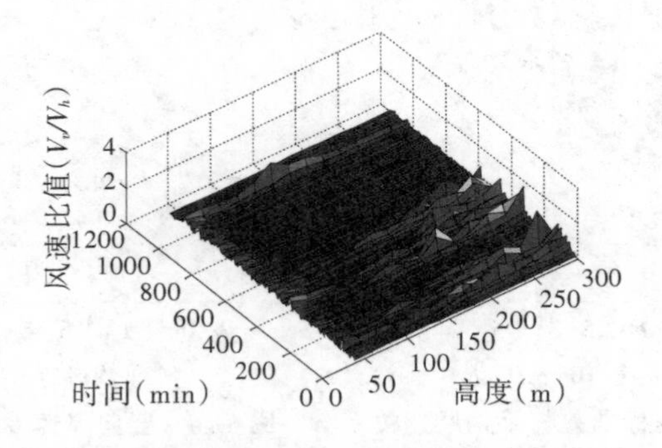

图6.13　竖向和水平平均风速(10min)比值

6.4.8 竖向平均风速的演变特征

竖向平均风速与高度的关系进行形如 $y = bx^a$ 的拟合，得到 a 的均值为 0.459，而且由图 6.14 拟合指数 a 和竖向平均风速 V_v 的关系可得，a 随着 V_v 的增加呈明显增大的趋势，与水平向平均风速 a 随 V_h 的变化规律相反。

关于竖向平均风速与竖向风速标准差及与竖向风速标准差和竖向平均风速比值的关系规律，与水平向平均风速的规律相同，即随着竖向平均风速的增大，竖向风速标准差增加；而竖向风速标准差和竖向平均风速的比值随竖向平均风速的增大有减小趋势，如图 6.15 和图 6.16 所示。

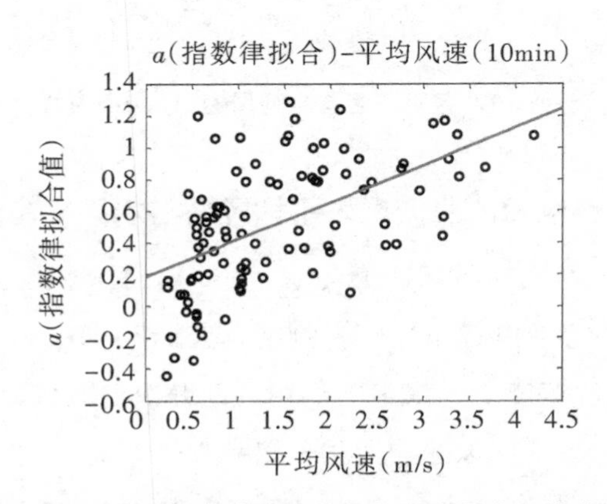

图 6.14 竖向拟合指数 a 和竖向平均风速 V_v 的关系

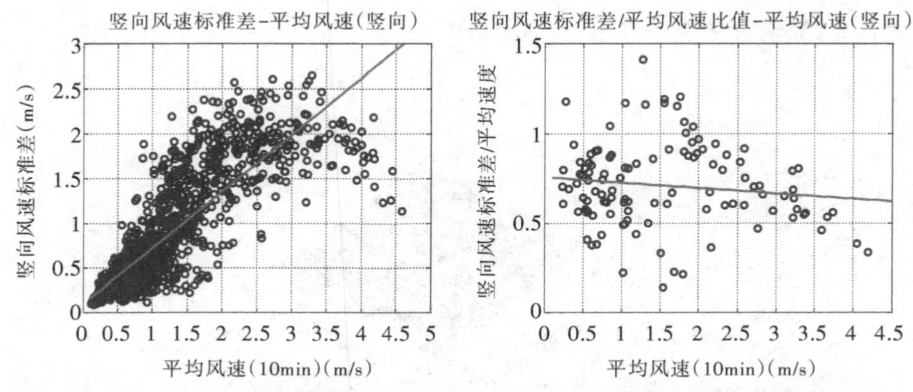

图 6.15 竖向风速标准差与平均风速关系

图 6.16 竖向风速标准差和平均风速比值与平均风速关系

6.5　本章小结

综合上述分析,可以得到如下结论:

(1)不同环境地貌下两个相距6.21km且高度基本相同的实测点的平均风速线性回归分析达到高度相关,变化特征具有显著的相似性;

(2)水平方向风剖面拟合曲线在影响期与指数律模型相当接近,而稳定期趋于D-H模型,风剖面拟合粗糙度指数a随水平平均风速的增大而呈减小的趋势;

(3)由台风下风廓线样本计算获得的边界层高度的数学期望为1421m,远大于规范取值及平常良态风计算值;

(4)在影响期和登陆期,竖向平均风速较其水平向的变化程度更为剧烈;

(5)竖向风廓线指数律拟合指数a随竖向平均速度的增大而呈增加的趋势;

(6)水平及竖向平均风速的标准差随其平均速度的增大而呈增加的趋势。

相关的论文见文献144和文献145。

本节结论仅基于台风影响的不同阶段,虽然具有一定规模的风廓线作为基础,但样本仍偏于单薄,在后续的实验中应增加测点及工况的数量,并深入分析,以继续验证结论的准确性和可靠度。同时也可以在各种不同的平均风速、地貌环境、自然气候和湍流特性条件下,统计分析探讨经验公式的适应性。

第7章 高层建筑结构模态参数及气动阻尼特性实测研究

7.1 引　言

随着中国经济的快速发展,高层建筑海量增加,属于风敏感结构的高层建筑风致响应研究已得到世界上越来越多风工程探索者的重视。基于高层建筑的结构特点,风荷载已成为其控制性的影响因素,因此高层建筑结构在强台风下的动力特性成为风工程理论中重要的基础研究。

由于实测技术和风洞试验技术的不断进步,国内外逐渐加强对高层建筑结构气动阻尼的研究。在高风速下,高层建筑结构的气动阻尼可能为正,也可能为负,当气动阻尼为负且与高层建筑结构的阻尼相互抵消后,总阻尼相对变小,高层建筑结构的风致响应可能变大。因此,从安全的角度考虑,应该特别重视负气动阻尼对结构响应的影响。目前,国内外对高层建筑气动阻尼的研究已取得较多的成果。

Kareem[119]通过对同一建筑的气弹模型试验得到的响应和刚性模型表面测压试验得出的横风向气动力谱计算而来的响应进行对比,发现出现了负气动阻尼,因而使结构的响应变大。Hayashida et al.[120]也对方形、三角形及圆形等截面建筑气动阻尼进行了深入研究。Nishimura et al.[121]通过对气动弹性模型进行强迫振动风洞试验，得出了气动阻尼力系数随折减风速和折减振幅变化的规律。Cooper et al.[122]在风洞实验室中对一个断面沿高度均匀变化的高层建筑气弹模型进行了强迫振动试验，研究了该建筑气动阻尼随振幅和折减风速变化的规律。Marukawa et al.[123]运用随机减量技术，通过模型比例为1∶500的单自由度气动弹性模型风洞试验，研究了不同截面形式的矩形高层建筑的气动阻尼比和模型结构阻尼比的变化对气动阻尼比的影响。

全涌等[124]通过单自由度气弹模型试验，利用随机减量技术识别了其横风向和顺风向气动阻尼比，并拟合得到气动阻尼比随折减风速变化的关系式。李秋胜等[125]基于实测结果，分析了典型超高层建筑的风致振动特性，得到了结构阻尼比与振幅之间的关系特性。曹会兰等[126]亦进行了不同风场类型对两个方向气动阻尼的影响情况研究，并给出了经验公式。李小康等[127]亦分析了气动阻尼比随折减风速变化的规律。李寿英等[128]在全风向下研究了气动阻尼的特性。李秋胜等[129]通过气动弹性模型的风洞试验，研究了结构气动阻尼比随风速变化的规律。

综上所述，大多数国内外学者大都致力于体轴方向风向角下顺风向和横风向气动阻尼随折减风速的变化规律，并且得到了较为丰硕的理论成果。但较多是在风洞实验模型条件下取得的，实测条件下得到的实验结果相对较少；而且多为一点响应的阻尼比，结构平动振型气动阻尼比结果亦较少。本章将对高层建筑结构在台风作用下的振型结构阻尼比及气动阻尼比的特性进行分析，对其相关变化现象进行探讨，以期获得部分规律性结论，供工程实践参考。

7.2 研究理论及方法

频域识别法、时域识别法和时频识别法是结构模态识别的基本方法，本章讨论应用的主要方法是其中的ERA法、NExT-ERA法和AR法。

7.3 台风过程、实验楼概况及实测系统

7.3.1 台风“灿鸿”和“杜鹃”概况

2015年第9号热带风暴“灿鸿”于6月30日在太平洋面生成，经较长时间移动，于7月11日17时在浙江省舟山朱家尖登陆，之后继续北上。温州市区较长时间位于该台风7级风圈内，距离台风中心最近约为200km。

2015年第21号热带风暴“杜鹃”于9月23日凌晨在西太平洋面生成，并于29日夜里9时在福建中部登陆，温州受其7级风圈影响，风力较大。

台风“灿鸿”和“杜鹃”的路径如图7.1所示。

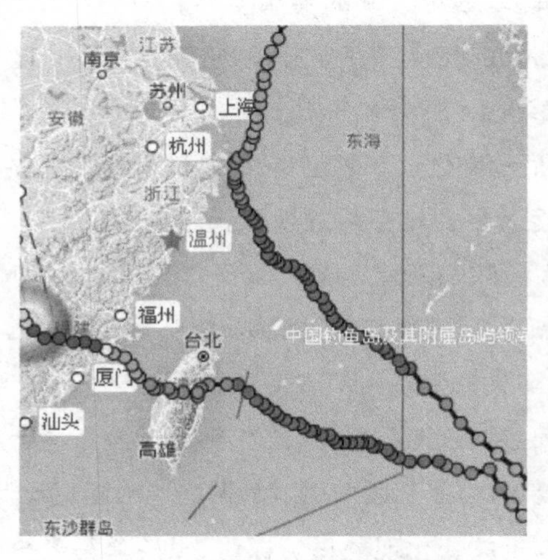

图7.1 台风“灿鸿”和“杜鹃”路径图

实测高层建筑为位于浙江省温州市的华盟商务广场，框架-核心筒结构，高168m，共40层，30层位置的平面尺寸为41m×36m。此次实测利用风速及加速度数据采集系统（采样频率128Hz），记录了台风“灿鸿”和“杜鹃”登陆前后实测实验楼建筑结构顶层的风速及第10、18、25、32、40层加速度时程响应。数据采集时长30多h。测试中，设定建筑的东向为X方向，北向为Y方向。图3.1(a)为该实测建筑。

7.3.2　实测系统

风速的实测仪器和采集系统与3.3节相同。本次实验增加了同步实测实验楼结构运动的仪器及其采集系统，主要有991型加速度传感器、优泰-动态信号采集仪及专用电脑，选择第10、18、25、32、40层共5个楼层，每楼层1组（2个）加速度传感器，位于建筑核心筒处，分别以体轴X、Y方向摆放，如图7.2所示。在气动阻尼实测时，在上述实测工况基础上增加了加速度与速度时程同时测量的内容，具体实验为每层摆放4个加速度传感器（分成2组，一组X向，一组Y向，每组中1个加速度档、1个速度档）。

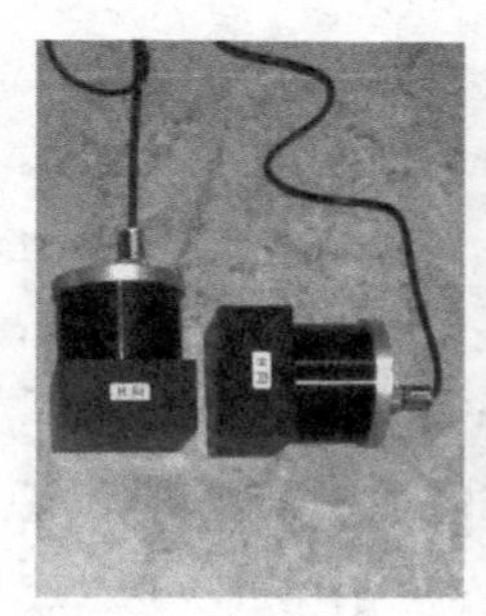

图7.2　加速度传感器及实测系统

7.3.3　台风特性

基于实测建筑结构顶层的风速及各楼层加速度数据，分别选取台风“灿鸿”“杜鹃”的1个强风（台风过程中，时长300min）、1个基本无风（台风过境后平均风速小于2m/s条件下，时长60min）共4个具有代表性的样本，分时段（每段10min）进行计算分析。强风下实测数据计算得到的阻尼比即为振型总阻尼比，基本无风下实测数据计算得到的阻尼比即为振型结构阻尼比。图7.3、图7.4给出了台风“灿鸿”和“杜鹃”部分时段风速、风向和加速度时程。

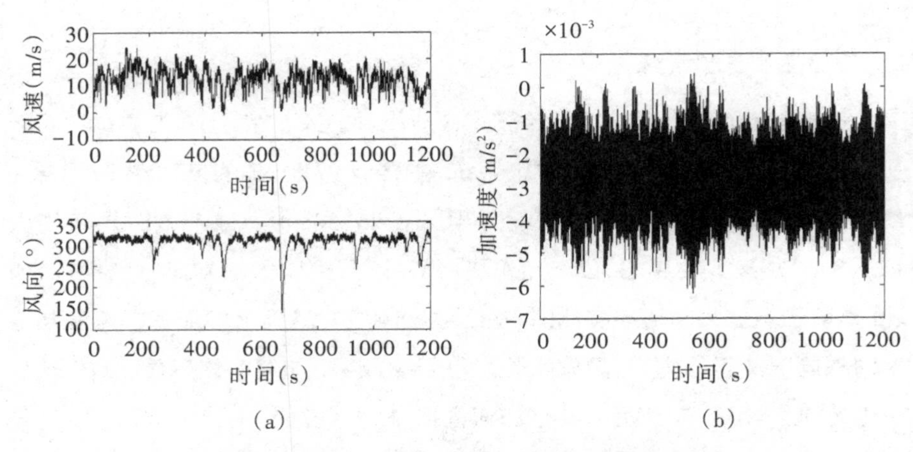

图 7.3 “灿鸿”样本风速、风向和加速度时程

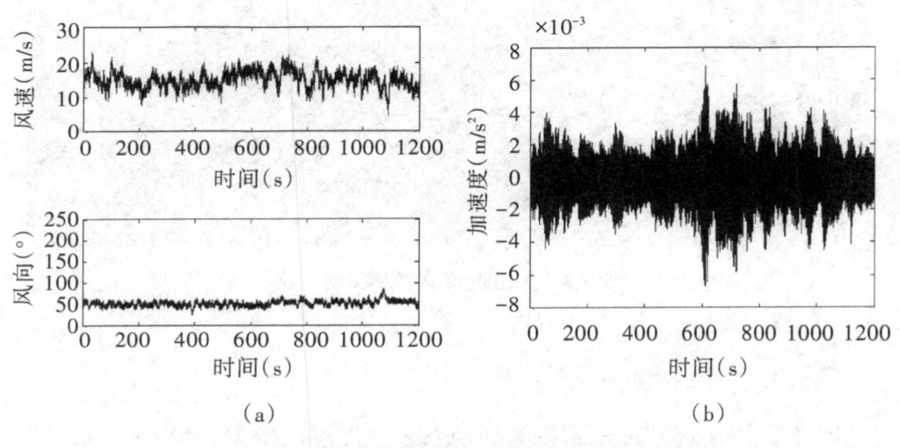

图 7.4 “杜鹃”样本风速、风向和加速度时程

7.4 建筑结构的模态参数识别理论

建筑结构的模态参数一般包括振型频率[130]、振型曲线和振型阻尼比。

7.4.1 振型频率分析

无阻尼自由振动体系的运动方程：

$$m\ddot{V} + kV = 0 \tag{7.1}$$

式中,0是零向量,可以得到上述方程的解是简谐振动,其运动方程为:

$$V_{(t)} = \hat{V}\sin(\omega t + \theta) \tag{7.2}$$

式中,$\hat{V}$为体系的振幅,θ为相位角。对其两边分别求二次导数,得到自由振动的加速度:

$$\ddot{V} = -\omega^2 \hat{V}\sin(\omega t + \theta) = -\omega^2 V \tag{7.3}$$

将式(7.3)、式(7.2)代入式(7.1),得到:

$$-\omega^2 m \hat{V}\sin(\omega t + \theta) + k\hat{V}\sin(\omega t + \theta) = 0 \tag{7.4}$$

经整理可得:

$$[k - \omega^2 m]\hat{V} = 0 \tag{7.5}$$

由Cramer法则,此方程组解的形式为

$$\hat{V} = \frac{0}{\|k - \omega^2 m\|} \tag{7.6}$$

所以,唯有式(7.6)中分母的行列式值等于0,方程才有非平凡解。即当

$$\|k - \omega^2 m\| = 0 \tag{7.7}$$

时才能得到有限振幅的自由振动。

式(7.7)称为体系的频率方程,方程的N个根即表明体系存在N个振型频率,最低频率的振型称第一振型,所有频率按大小顺序构成的向量称为频率向量:

$$\omega = \begin{bmatrix} \omega_1 \\ \omega_2 \\ \omega_3 \\ \vdots \\ \omega_N \end{bmatrix} \tag{7.8}$$

已有的多自由度振动体系已经证明,稳定的结构体系的质量和刚度矩阵具有实的、对称的、正定的特点,因此频率方程所有的根皆为正实数。

7.4.2　振型分析

振动频率已经确定,则运动方程可以写成:

$$\boldsymbol{E}^{\tilde{(n)}}\hat{V}_n = 0 \tag{7.9}$$

式中:

$$\tilde{E}^{(n)} = k - \omega_n^2 m \tag{7.10}$$

因此,$\tilde{E}^{(n)}$是刚度矩阵减去$\omega_n^2 m$后所得的矩阵。由于它与频率有关,所以每一振型都是不同的。因为频率向量满足该方程,所以可以求解频率向量,但不能用以确定振幅,而振动体系的形状可以根据任何一个坐标所表示的位移来确定。

通常假定位移向量的第一个元素是单位幅值,对式(7.9)中未知的位移幅值重新进行分块并解其联立方程,即可求得位移幅值。将求得的位移幅值与单位幅值一起组成第n振型相应的位移分量,通常把各分量除以其中的最大者,无量纲化,即可得到第n振型形式ϕ_n,即:

$$\varphi_n = \begin{bmatrix} \varphi_{1n} \\ \varphi_{2n} \\ \varphi_{3n} \\ \vdots \\ \varphi_{Nn} \end{bmatrix} = \frac{1}{\hat{v}_{kn}} \begin{bmatrix} 1 \\ \hat{v}_{2n} \\ \hat{v}_{3n} \\ \vdots \\ \hat{v}_{Nn} \end{bmatrix} \tag{7.11}$$

式中,$\hat{v}_{kn}$是基准分量。

用同样的方法能够求出N个振型中的每一振型形式,用Φ表示N个振型形式所组成的方阵,即:

$$\Phi = \begin{bmatrix} \varphi_1 & \varphi_2 & \varphi_3 & \cdots & \varphi_N \end{bmatrix} = \begin{bmatrix} \varphi_{11} & \varphi_{12} & \varphi_{13} & \cdots & \varphi_{1N} \\ \varphi_{21} & \varphi_{22} & \varphi_{23} & \cdots & \varphi_{2N} \\ \varphi_{31} & \varphi_{32} & \varphi_{33} & \cdots & \varphi_{3N} \\ \vdots & \vdots & \vdots & \cdots & \vdots \\ \varphi_{N1} & \varphi_{N2} & \varphi_{N3} & \cdots & \varphi_{NN} \end{bmatrix} \tag{7.12}$$

一个结构体系的振动分析问题就是矩阵代数理论中的特征值问题,频率的平方项是特征值,振型形式是特征向量。

7.4.3 振型阻尼比分析

由 Clough 著的 *Dynamics of Structures*[130],建筑结构在外界荷载作用下的运动方程为(多自由度,非耦合):

$$M\ddot{x} + C\dot{x} + Kx = F_{(t)} \tag{7.13}$$

对于无阻尼的自由振动，这个矩阵方程能归结成特征问题：$\left[K-\omega^2 M\right]X=0$。由此，即可确定振型矩阵$\Phi$和频率向量$\omega$。

而对于方程(7.13)，用$x=\Phi y$代入。其中，Φ为振型矩阵，y为广义坐标，x为几何坐标。并前乘第N个振型向量的转置Φ_n^T：

$$\Phi_n^T M\Phi \ddot{y}+\Phi_n^T C\Phi \dot{y}+\Phi_n^T K\Phi y=\Phi_n^T F_{(t)} \tag{7.14}$$

由正交条件：$\Phi_m^T K\ \Phi_n=0$，$\Phi_m^T M\ \Phi_n=0$。

且假定阻尼也成立，即$\Phi_m^T C\Phi_n=0$，其中$m\neq n$。则式(7.13)可写成：

$$M_n\ddot{y}_n+C_n\dot{y}_n+K_n y_n=F_{n(t)} \tag{7.15}$$

或

$$\ddot{y}_n+2\xi_n\omega_n\dot{y}_n+\omega_n y_n=F_{n(t)}/M_n \tag{7.16}$$

式中：

$$M_n=\Phi_n^T M\Phi_n \tag{7.17}$$

$$C_n=\Phi_n^T C\Phi_n=2\xi_n\omega_n M_n \tag{7.18}$$

$$K_n=\Phi_n^T K\Phi_n=\omega_n^2 M_n \tag{7.19}$$

$$F_{n(t)}=\Phi_n^T F_{(t)} \tag{7.20}$$

则第n振型阻尼比ξ_n可定义为：

$$\xi_n=\frac{C_n}{2\omega_n M_n} \tag{7.21}$$

7.5　振型频率、振型和振型阻尼比实测结果分析

根据振型及振型频率分析理论，本章应用ERA、NExT-ERA、AR3种方法，选取实测得到的台风“杜鹃”作用下的X向加速度数据样本(本章中10min平均风速为8～16m/s)，计算实验楼前五阶固有频率、特征振型形式和对应的振型阻尼比，其图谱如图7.5、图7.6(a)、图7.6(b)、图7.6(c)所示。

这是5个独立的具有代表性的位移模式，具有正交特性。

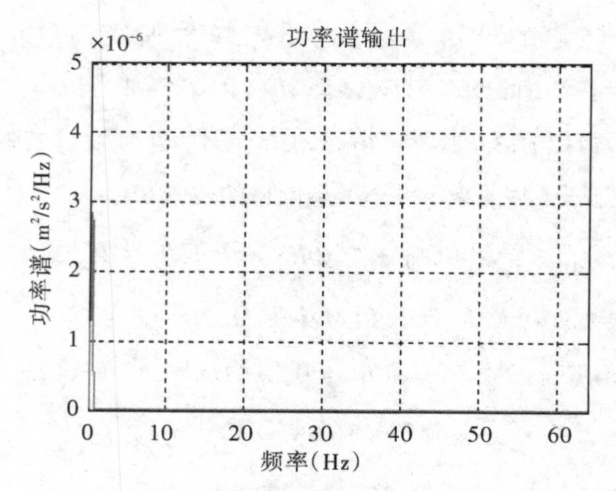

图 7.5　台风“杜鹃”X 向功率谱密度

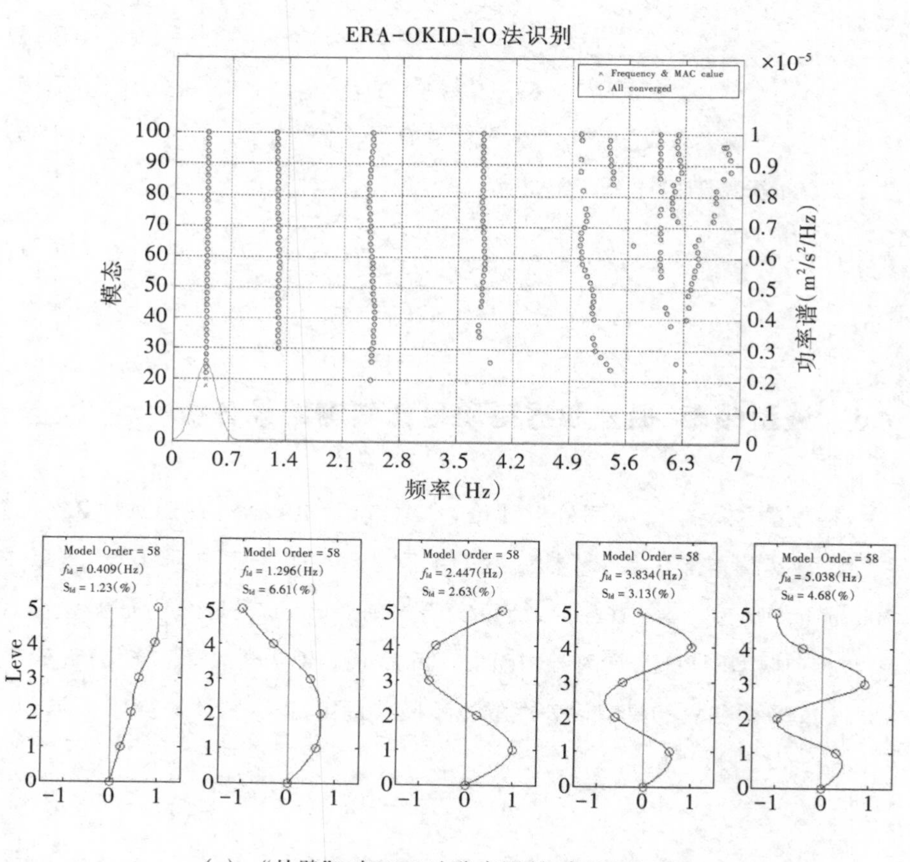

（a）“杜鹃”X 向 ERA 法稳定图（频率）及振型图

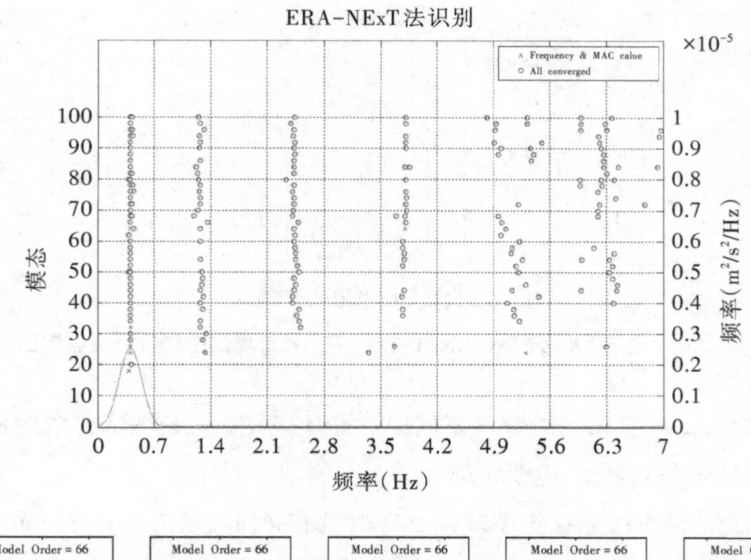

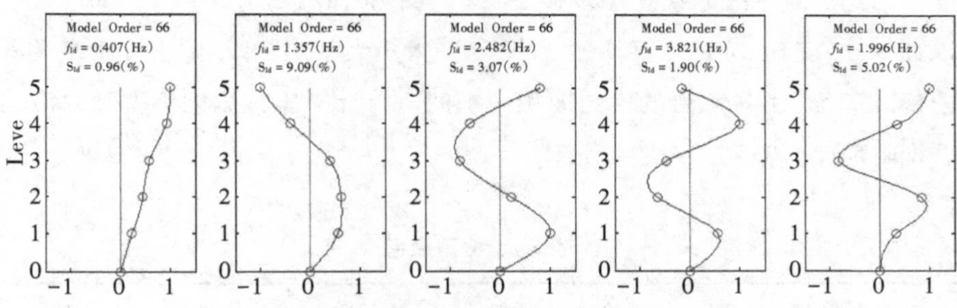

(b)　“杜鹃”X 向 NExT-ERA 法稳定图(频率)及振型图

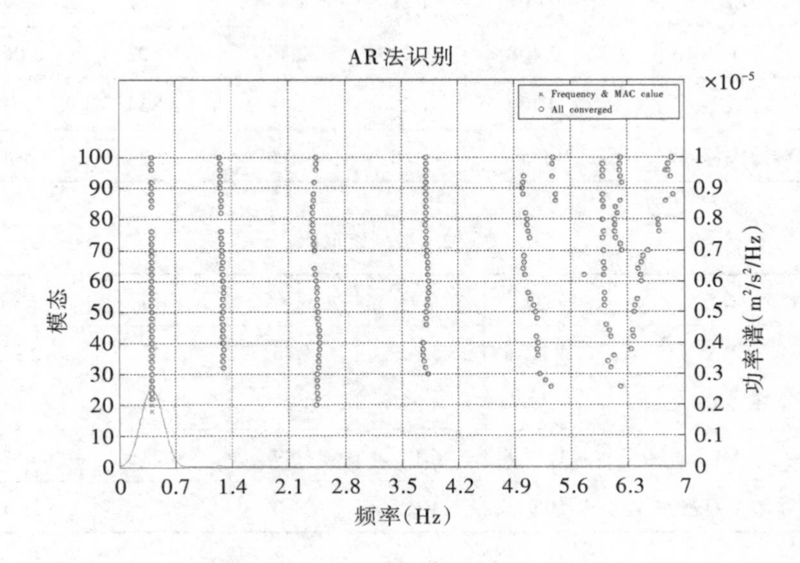

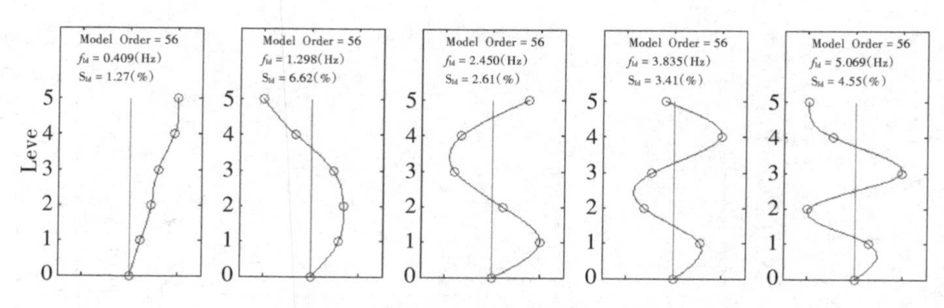

(c) “杜鹃”X向AR法稳定图(频率)及振型图

图7.6 “杜鹃”X向ERA、NExT-ERA及AR法稳定图(频率)及振型图

在台风影响下,由功率谱密度图7.5可以看出,一阶振型对应的振幅较其他振型十分显著,起主要作用。

由这3种方法的稳定图及振型图(见图7.6(a)、图7.6(b)、图7.6(c))可以计算出其前五阶频率平均值大小,若其大小大于此频段,则干扰频率逐渐出现。同样,由各方法的稳定图和振型图可以计算出其振型频率及对应的振型阻尼比,如表7.1、表7.2所示。

表7.1 振型频率

计算法	一阶	二阶	三阶	四阶	五阶
ERA	0.407	1.286	2.436	3.821	4.996
NExT-ERA	0.408	1.289	2.450	3.807	5.069
AR	0.409	1.296	2.447	3.834	5.038
相对最大偏差(%)	0.5	0.8	0.6	0.7	1.4

表7.2 振型阻尼比

计算法	一阶	二阶	三阶	四阶	五阶
ERA	1.72	5.72	4.76	4.49	2.93
NExT-ERA	1.55	4.29	3.77	3.29	2.61
AR	1.74	6.13	3.89	4.23	3.53
相对最大偏差(%)	10.9	30.0	21.0	26.7	26.1

由表7.1可以发现，由ERA、NExT-ERA、AR3种方法得到的频率值非常接近，频率偏差不超过2%，f平均值为0.408，即T_1的值为2.45s，基本符合2012年荷载规范[88]的近似公式：

$$T_1 = (0.05\sim0.10)n \tag{7.22a}$$

与Tamura的经验公式[131]：

$$T_1 = 1/f_1 = H/67 \tag{7.22b}$$

比较，相差10%。而与GB50009-2012载荷规范中周期的经验公式[88]：

$$T_1 = 0.25 + 0.53\times10^{-3}\times H^2/B^{1/3} \tag{7.22c}$$

比较，相差达19%。可见周期实测值与Tamura的结果较为接近，与规范的计算值相差偏大，这表明经验公式(7.22c)还是可以继续改进的。

关于第一振型，如图7.7所示，GB规范的振型曲线是弯剪型(下弯上微剪)，偏弯曲型；杜鹃的Y向、X向及灿鸿的Y向的振型曲线是比较典型的弯剪型(下弯上剪)；灿鸿的X向的振型曲线是典型的弯曲型，由此可见，此实测结果与规范还是相当接近的。

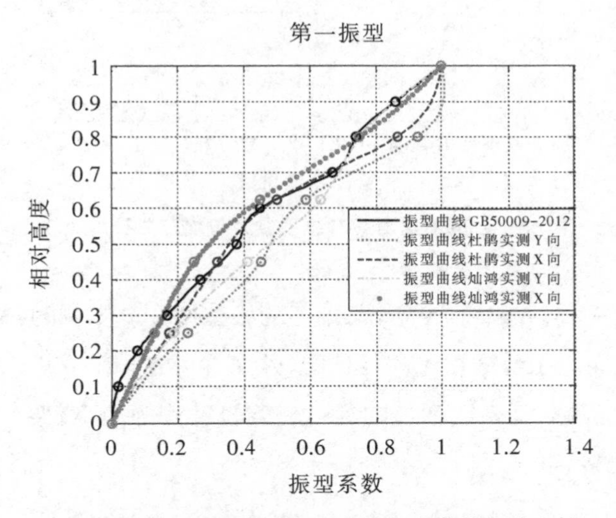

图7.7　台风下实测第一振型曲线与规范曲线的比较

在本节的特定风速下，软弱地基上的高层建筑的第一振型的实测振型系数与规范的取值还是有一定的不同的，规范的取值总体偏小：在较低的相对高度处($z/H < 0.5$),两者差别较大,最大偏差达到了50%;在较高的相对高度处($0.7 > z/H > 0.5$),规范的振型系数则与杜鹃X向实测振型系数较为接近;在最高的相对高度处($z/H > 0.7$),规范的振型系数则与灿鸿Y向实测振型系数较为接近。

关于第二振型,如图7.8所示,规范的振型曲线与实测的各振型曲线形状都比较相似,在相对高度较小处($z/H < 0.3$),规范的振型系数取值较实测的偏小约0.2,除此以外其余相对高度处,规范的振型系数取值接近实测的平均值。

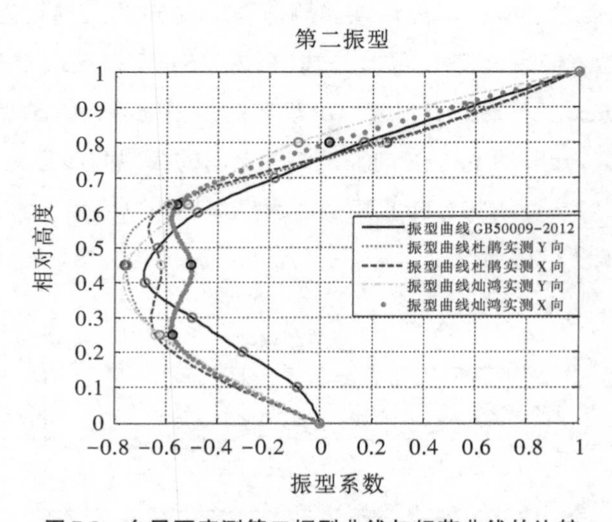

图7.8 台风下实测第二振型曲线与规范曲线的比较

关于第三振型,如图7.9所示,规范的振型曲线与实测的各振型曲线形状都比较相似。在整个相对高度范围,除在峰($z/H = 0.2 \sim 0.4$)谷($z/H = 0.6 \sim 0.8$)处规范的振型系数取值的绝对值均较实测的偏小,最大的相差0.25外,其余都比较接近。

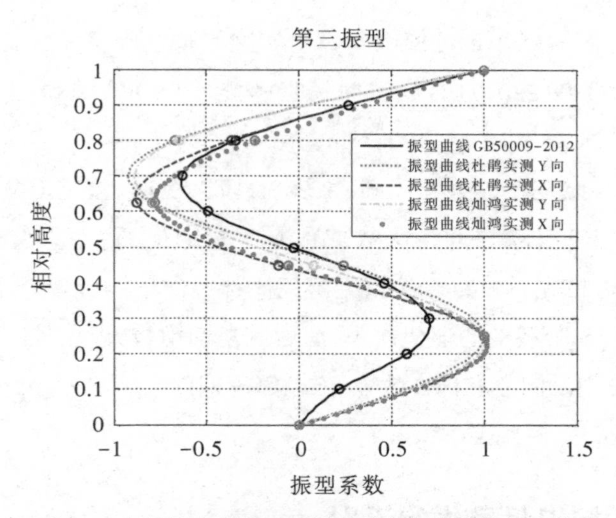

图7.9　台风下实测第三振型曲线与规范曲线的比较

关于第四振型，如图7.10所示，规范的振型曲线与实测的振型曲线形态都比较相似，但在整个相对高度范围，规范的振型系数取值，除与杜鹃实测X向的取值比较接近外，其取值的绝对值均较实测的值偏大，最大的相差0.35。

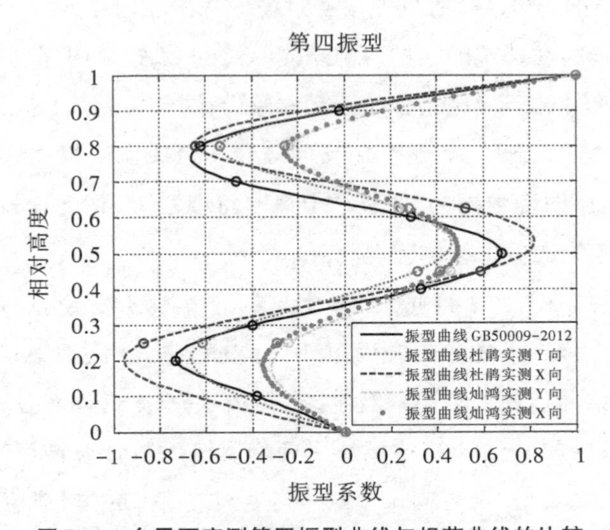

图7.10　台风下实测第四振型曲线与规范曲线的比较

综上所述，虽然规范的振型系数与实测值有些偏差，但《建筑结构荷载规范》(GB 50009-2012)的振型曲线基本能够反映实测振型曲线的变化规律。

然而振型阻尼比结果却不同，由表7.2可以发现，除一阶振型阻尼比计算结果比较接近外，其他各阶数值都有一定的偏差，最大偏差甚至达到30%。其原因首先可能是影响振型阻尼比计算结果的因素众多，而且相对于一阶振型，高阶振型的幅值较小，导致测量误差较大，另外高阶振型频率比较接近，它们之间存在耦合效应，难以精确识别。

7.6 振型结构阻尼比的识别

7.6.1 振型结构阻尼比的基本假定

Tamura et al.[20]通过对高层建筑进行实测研究，得出高层建筑结构阻尼比在不同加速度幅值下是变化的，但变化很小。因此，在求取振型结构阻尼比过程中，本节首先假定振型结构阻尼比为不变的定值。

对于现场实测的建筑，是无法通过类似风洞实验中对模型施加外加激励方法来获得被测建筑的结构自由衰减曲线的，必须采用环境激励的方法。本节计算振型结构阻尼比基于如下基本假设：在台风后基本无风时(平均风速降到小于2m/s)，对被测建筑在其他条件与台风作用相同条件下进行实测，得到加速度时程数据(此时气动阻尼比可视为0)，据此计算得出的各阶振型阻尼比即为其振型结构阻尼比ξ_s。

根据上述假设，由3种方法计算得到的结果如表7.3所示，从表7.3中可以发现，ERA法和AR法结果较为离散，而NExT-ERA法结果相对收敛。我们用标准差来描述计算结果与数学期望的偏差程度，标准差小说明精确度高，因而NExT-ERA法计算结果最为理想。可取其计算结果平均值2.24、2.40作为实验楼的X、Y方向振型结构阻尼比定值，这与《建筑结构荷载规范》(GB 50009-2012)的取值5%相差较大。

表7.3　一阶振型结构阻尼比ξ_s

	"杜鹃"		"灿鸿"	
	X向	Y向	X向	Y向
ERA	3.30	2.70	3.60	3.47
NExT-ERA	2.25	2.34	2.23	2.47
AR	3.80	2.93	4.00	3.46

7.6.2　Caughey阻尼模型

应用Caughey阻尼模型[132],即:

$$C = M\sum_{b} a_b\left[M^{-1}K\right]^b = \sum_{b} C_b \tag{7.23}$$

满足正交条件:

$$C_n = \Phi_n^T C\Phi_n = 2\xi_n\omega_n^2 M_n \tag{7.24}$$

$$C_{nb} = \Phi_n^T C_b\Phi_n = a_b\Phi_n^T M\left[M^{-1}K\right]^b\Phi_n \tag{7.25}$$

由$K\Phi_n = \omega^2 M\Phi_n$,两边前乘$\Phi_n^T KM^{-1}$:

$$\Phi_n^T KM^{-1}K\Phi_n = \omega_n^2\Phi_n^T K\Phi_n = \omega_n^4 M_n \tag{7.26}$$

继续相同运算:

$$\Phi_n^T KM^{-1}K\Phi_n = \omega_n^2\Phi_n^T K\Phi_n = \omega_n^4 M_n \tag{7.27}$$

$$\Phi_n^T K\left[M^{-1}K\right]^b\Phi_n = \omega_n^{2b} M_n \tag{7.28}$$

从而,

$$C_{nb} = a_b\omega_n^{2b} M_n$$

$$C_n = \sum_b C_{nb} = \sum_b a_b\,\omega_n^{2b} M_n = 2\xi_n\omega_n M_n \tag{7.29}$$

由上式得到:

$$\xi_n = \frac{1}{2\omega_n}\sum_b a_b\,\omega_n^{2b} \tag{7.30}$$

对于Caughey阻尼模型,当$b = 1$时即为Rayleigh阻尼模型,其公式:

$$\xi_n = \alpha_1/\omega_n/2 + \beta_1\omega_n/2 \tag{7.31}$$

式(7.31)计算较为简单,计算结果比较粗糙。因此,本节采用相对精确b = 2的式子:

$$\xi_n = \alpha_2/\omega_n/2 + \beta_2\omega_n/2 + \gamma_2\omega_n^{\ 3}/2 \tag{7.32}$$

基于“杜鹃”及“灿鸿”实测数据得到的前五阶振型的频率及其结构阻尼比，应用最小二乘法，可以计算得到α_2、β_2、γ_2，从而得到振型结构阻尼比与频率的关系，如式7.33。在一定的频率段范围内，可以较为准确地由振型频率计算出振型结构阻尼比。

如图7.11所示，在一定频率段（0.4～6.0Hz），Caughey阻尼模型（$b=2$时）拟合曲线与Sergio Lagomarsino经验曲线[133]最为接近，此时拟合经验公式为：

$$\xi_n = 0.8071\omega_n^{\ -1} + 0.6853\omega_n - 0.0033\omega_n^{\ 3} \tag{7.33}$$

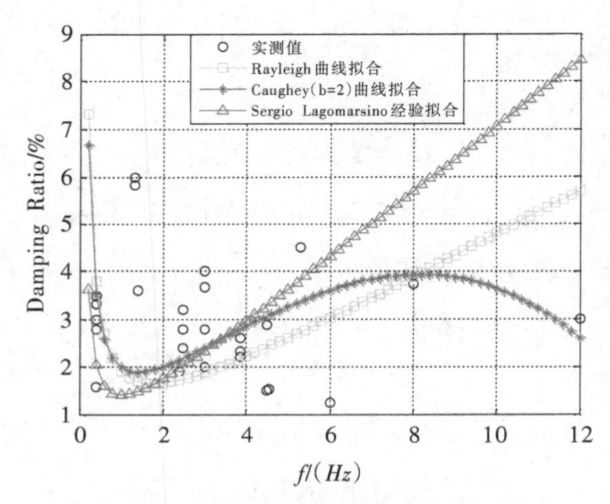

图7.11 “杜鹃”和“灿鸿”结构阻尼比与频率（Caughey模型下）拟合曲线的关系

7.7 气动阻尼比与折减风速

7.7.1 气动阻尼比

台风过程中，采用优泰动态信号采集仪和加速度传感器等对目标建筑进行实测，得到其风速风向、速度和加速度时程数据。

本节两个台风的风向角并不垂直或平行于体轴，而是与其形成约50°的夹角。“灿鸿”和“杜鹃”实测强风下的加速度样本数据均在此方向及其垂直方向的坐标轴上投影。经EMD去趋势项处理后,应用ERA、NExT-ERA、AR3种方法,分别进行分析处理,得到即时的阻尼比,即总阻尼比ξ_T。

由$\xi_T=\xi_s+\xi_a$即可计算得到气动阻尼比ξ_a。高层建筑气动阻尼主要是由空气流场和振动的结构相互耦合引起的。因此,影响建筑运动的因素(如风速、结构加速度、速度等)均可能引起气动阻尼的变化。

7.7.2 折减风速

实测的风速、风向记录分为两个时间序列,即水平风速$u(i)$和风向$\varphi(i)$。风速可根据以下公式分解为两个体轴方向坐标轴XY的分量,如图7.12所示:

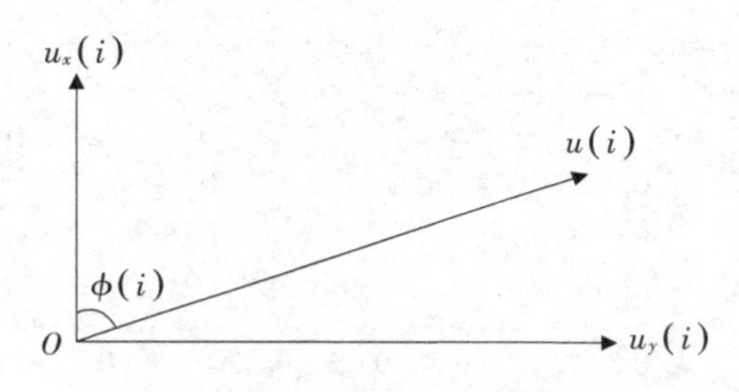

图7.12 风速、风向示意图

$$u_x(i)=u(i)\cos\phi(i) \tag{7.34}$$

$$u_y(i)=u(i)\sin\phi(i) \tag{7.35}$$

本节在统计分析计算时取10min为基本时段,则平均水平风速U和平均水平风向角θ为:

$$U=\sqrt{\left(\bar{u}_x\right)^2+\left(\bar{u}_y\right)^2} \tag{7.36}$$

$$\theta=arccta\left(\bar{u}_x/\bar{u}_y\right) \tag{7.37}$$

$\bar{u}_x$和$\bar{u}_y$分别为$u_x(i)$和$u_y(i)$一定时段样本的均值:

$$V_{\mathrm{Xr}}=U/\left[f_{\mathrm{X}}(BD)^{0.5}\right] \tag{7.38}$$

$$V_{\mathrm{Yr}}=U/\left[f_{\mathrm{Y}}(BD)^{0.5}\right] \tag{7.39}$$

V_{Xr}、V_{Yr}分别为平均水平风速方向X和与其垂直方向Y的折减风速,f_{X}、f_{Y}为其振型对应振动频率,B、D为其截面边长的长度,单位为m。本节中,一阶自振频率$f_X = 0.41$Hz，$f_Y = 0.40$Hz，试验结构$(BD)^{0.5} = 38.4$m。由此根据实测风速及式(7.38)、式(7.39)可分别得到平均水平风速方向X和与其垂直的方向Y的折减风速。

根据"灿鸿""杜鹃"实测样本数据，选取该数据中平均速度(10min)大于7m/s的具代表性数据段，通过上述计算方法进行预处理，并应用ERA、NExT-ERA和AR方法，得到3种方法下一阶主振型气动阻尼比与折减风速关系曲线及其对应的线性拟合趋势线，具体如图7.13、图7.14所示。

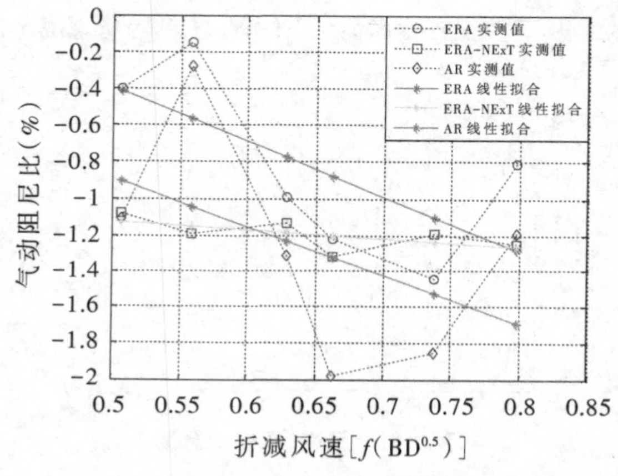

(a)风速方向X气动阻尼比-折减风速关系图

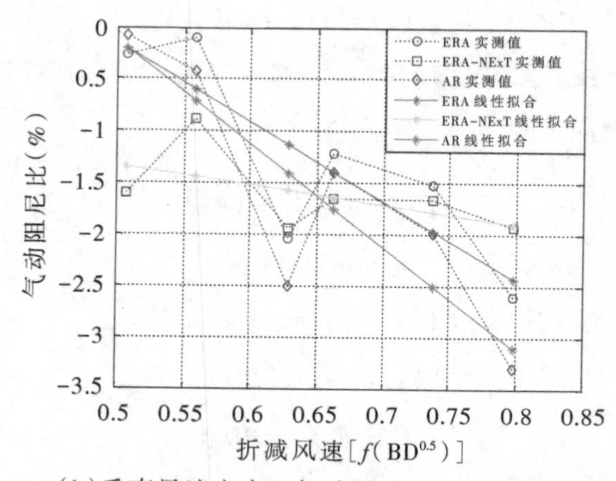

(b)垂直风速方向Y气动阻尼比-折减风速关系图

图7.13 "灿鸿"气动阻尼比ξ_a与折减风速的关系

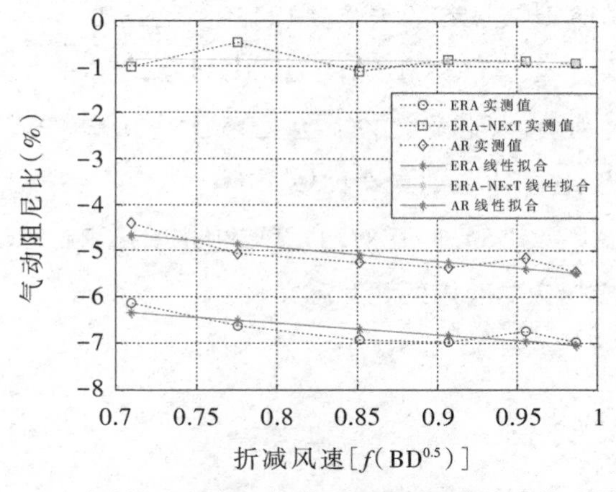

(a)风速方向X气动阻尼比-折减风速关系图

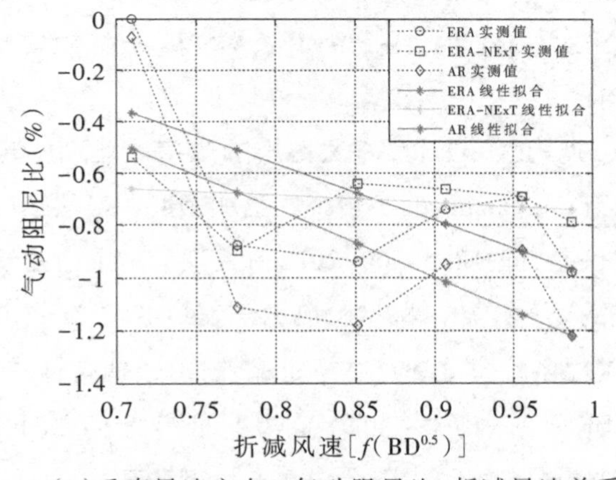

(b)垂直风速方向Y气动阻尼比-折减风速关系图

图7.14　“杜鹃”气动阻尼比ξ_a与折减风速的关系

综合上述两个台风的规律,由图7.13、图7.14可以发现:由于一阶振型总阻尼比小于振型结构阻尼比的值,气动阻尼比均为负值,而且随着折减风速的增大,其值呈递减趋势(绝对值增大);除杜鹃X与3种方法下降速率相同外,ERA、AR方法的斜率较为相似,下降速率较为快速,而NExT-ERA方法的下降速率较为平缓;在小折减风速范围内细分,实验楼气动阻尼比随折减风速增减呈现出较为复杂的特性,[0.50,0.56][0.80,0.95]段为递增,[0.56,0.80][0.95,1]段为递减段,X、Y方向基本相似。

顺风向气动阻尼比变化结果与文献124的经验公式

$$\xi_a = 0.000075V_r^2 - 0.00014V_r - 0.001 \tag{7.40}$$

结论相近，均为负值，且随着 V_r（取值范围0.5～0.95）的增加而减少；而横风向结果与之相比差别较大，结果比较离散。

工程实践中，重视负气动阻尼对结构风致响应的影响，对建筑结构的安全设计建造及防灾减灾具有重要现实意义。

7.8 本章小结

基于台风"灿鸿"和"杜鹃"影响下对温州华盟商务广场进行的现场实测，同时应用融合EMD的ERA、NExT-ERA、AR3种方法，对实测数据进行研究分析，结果表明：

（1）ERA、NExT-ERA、AR3种方法得出的频率值差别不超过2%，且与规范公式较为接近，与Tamura的经验公式更加相近。虽然在振型系数取值上与实测值有些偏差，但GB 50009-2012荷载规范的振型曲线基本能够反映实测振型曲线的变化规律。振型阻尼比结果却不同，除一阶振型阻尼比结果较为理想，其他各阶数值都存在一定偏差，阶数越高，偏差增大。原因可能是相对于一阶振型，高阶振型的幅值较小，而且它们之间存在着耦合效应，另外高阶振型各个频率比较接近，容易产生测量误差。

（2）在一定频率段的振型结构阻尼比拟合曲线中，Caughey阻尼模型（$b=2$时）与Sergio Lagomarsino经验曲线最为接近，也与实测结果基本相符，借此即可由振型频率计算振型结构阻尼比的值。

（3）在台风"杜鹃"和"灿鸿"条件下，基于Tamura结论，根据本章所作结构阻尼比的新假定，可以由实测加速度数据得到实验楼的结构阻尼比计算值，X向为2.24，Y向为2.40。

（4）实验楼一阶振型结构阻尼比较总阻尼比大，则气动阻尼比实测值均为负值。

（5）实验楼一阶振型气动阻尼比随着折减风速的增大，其取值呈递减趋势（绝对值增大），其中ERA、AR方法的斜率较为相似，下降快速，而NExT-ERA方法的下降速率较为平缓。

（6）在小折减风速范围内细分，实验楼气动阻尼比增减性呈现出较为复杂的特点，[0.50,0.56]、[0.80,0.95]段为递增，[0.56,0.80]、[0.95,1]段为递减段，X、Y方向变化规律基本相似。

相关的论文见文献141和文献142。

第8章
高层建筑风压特性的实测研究

8.1 引　言

目前,国内外对高层建筑风荷载研究的主要手段有风洞试验、现场实测和数值模拟。结构风荷载的风洞模型实验可以根据试验目的进行多次重复试验,这有利于多工况、多方位地开展深入细致的研究,是风工程研究的主要手段。近年来,国内许多学者开展了超高层建筑风洞试验研究。如全涌等[134]通过刚性模型风洞试验,分析了矩形截面超高层建筑在长边立面上不同开洞工况下建筑表面平均风压系数和最不利风压系数的变化规律。谢壮宁等[135]研究了复杂结构断面建筑物在其尾流受到下游结构干扰下的风压分布特性。李正良等[136]针对山地风场中超高层建筑的风荷载特点,开展了超高层建筑风荷载幅值特性的试验研究。李波等[137]针对锥形超高层建筑进行了脉动风荷载特性的风洞试验研究。

现场实测是获得高层建筑动力特性和风效应状况最可靠的方法,风洞试验、数值模拟得出的结果,最终还是要通过现场实测来进行检验,实测结果也是改善风洞试验方法和数值模拟方法的依据和参照。在高层建筑结构设计中所涉及的一些重要参数和经验公式，一般均需根据原型实测的结果来确定，因此，大力开展现场实测研究具有重要的科学意义。然而，目前国内外对于台风作用下高层建筑表面风压的现场实测研究非常匮乏，大量已开展的高层建筑风洞试验并没有与现场实测研究进行对比。

为此，本章根据作者于2010年在台风“凡亚比”和“鲇鱼”影响期间，针对厦门市观音山营运中心11号楼开展的风场和风压同步实测，以及于2011年开展的风洞模型试验，探讨了台风作用下高层建筑表面的风压特性及其分布规律。

8.2 台风“鲇鱼”作用下的风压特性

8.2.1 试验概况

实验楼为厦门市观音山营运中心11号楼，该楼位于厦门市东海岸，离海边约400m，建筑东面为海滩且无任何阻挡，附近高层建筑较少，视野开阔。该楼为海岸附近最高建筑，共37层，高146m。如图8.1所示为该实验楼及其周边环境。在实验楼的东南和西北角各安装了1台RM. Young 05103V型机械式风速仪。风速仪离地高度约150m，观测获得水平风速和风向角两个时间序列。采用CY2000型风压传感器测试建筑表面的风压，现场实测图如8.2(a)所示。

图8.1 实验楼及其周边环境

采用超宇64通道动态数据采集系统进行风压数据采集，采用优泰ΣΔ 24位AD高精度32通道采集分析系统对2台风速仪的风速、风向数据和6个楼层共12台拾振器的振动数据进行采集，数据采集现场如图8.2(b)所示。2台采集系统由同一台电脑控制，可以实现风场、风压和结构风致响应数据的同步采集。实测系统构成如图8.3所示。

(a)粘贴于建筑表面的风压传感器

(b)数据采集现场

图8.2 现场实测图片

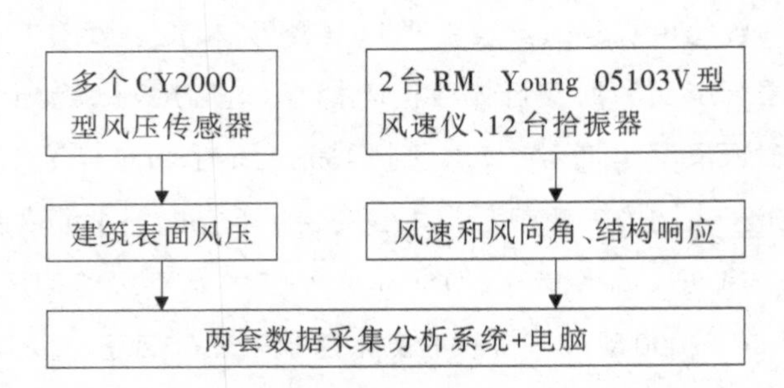

(a)高层建筑风效应同步实测系统构成图

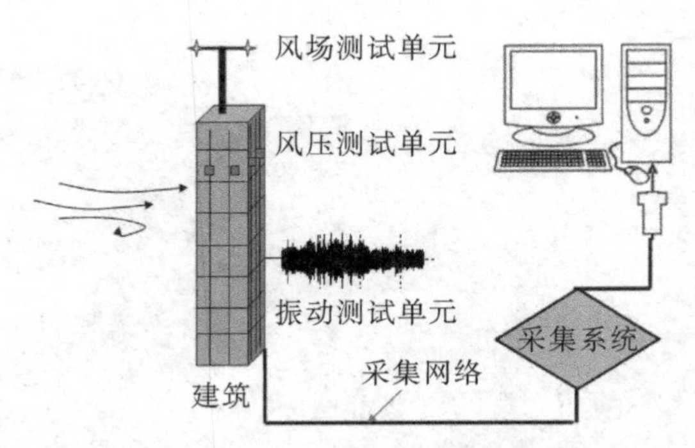

(b)高层建筑风效应同步实测系统示意图

图8.3 高层建筑风效应实测系统构成图

为获得超高层建筑表面风压的分布特性及其变化规律，在实验楼第33层四周的玻璃幕墙外表面布置了14个风压测点。其中有2个测点的风压传感器因狂风暴雨而脱落，有1个测点的风压传感器在测试期间出现故障，数据异常，所以有效测点为11个。风压传感器有效测点平面布置如图8.4所示。

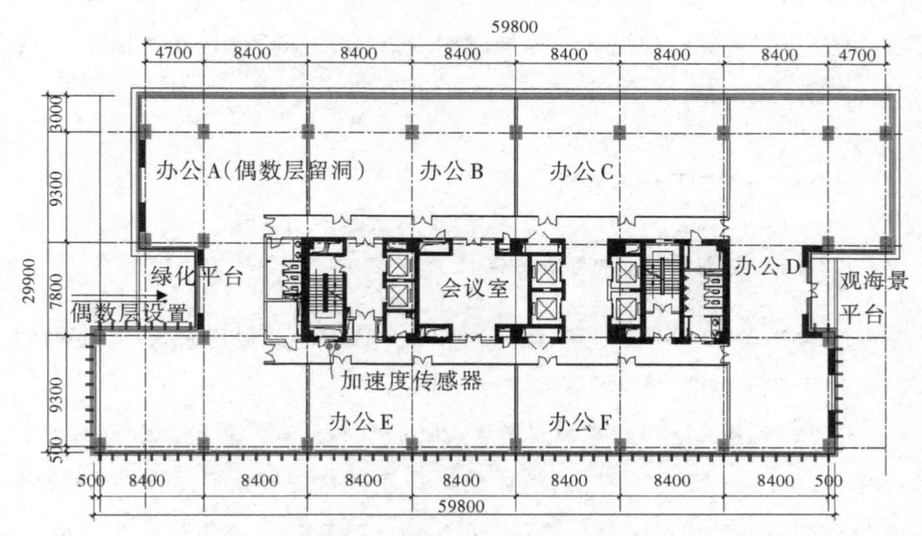

(a)标准层建筑平面图与拾振器布置图（单位：mm）

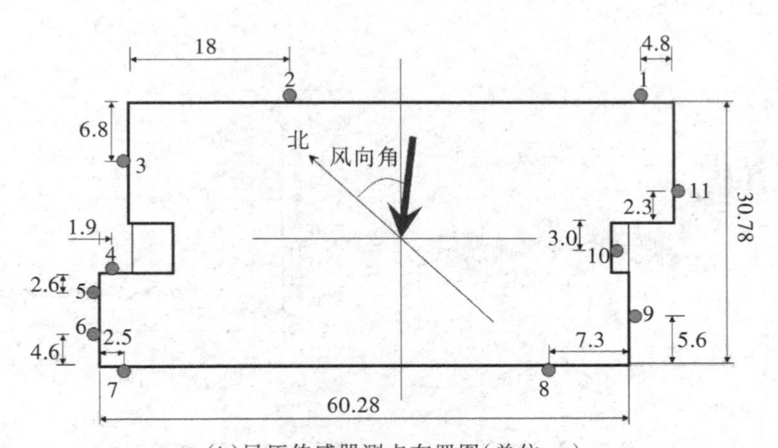

(b)风压传感器测点布置图（单位：m）

图8.4　建筑平面图与传感器测点布置图

2010年第13号热带风暴"鲇鱼"于10月13日20时在西北太平洋洋面上生成,18日12时25分在菲律宾吕宋岛东北部沿海登陆,随后进入南海东部海面。23日12时55分在福建省漳浦县六鳌镇登陆,登陆时中心附近最大风力13级,风速38m/s,最低气压970hPa,登陆后强度迅速减弱。登陆地点距试验点约50km。

10月23日利用上述实测系统对实验楼开展了风场、风压和结构风致响应的同步实测,其中风压信号采样频率为20Hz,风场和结构风致响应信号采样频率为25.6Hz。

8.2.2 台风风场特性

8.2.2.1 瞬时风速、风向角时程

选取2010年10月23日实测获得的台风"鲇鱼"登陆前后约3h7min(11时至14时7分)的实测风场数据进行分析。

图8.5给出了"鲇鱼"的瞬时风速、风向角时程,其中瞬时风速最大值为27.67m/s。由图8.5可以看出,台风登陆1h前的风速较大且脉动性大,之后约2h时间段内台风风速变化平稳。台风登陆1h前的风向角脉动性较大,之后变化较为平稳。

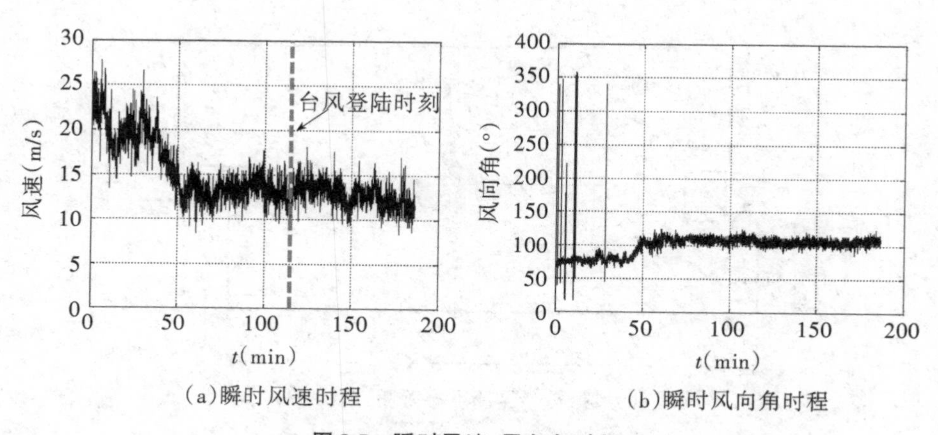

(a)瞬时风速时程　　(b)瞬时风向角时程

图8.5　瞬时风速、风向角时程

8.2.2.2 平均风速和风向角

图8.6给出了“鲇鱼”10min平均风速、风向角时程。其中10min平均风速为14.67m/s，平均风向角为99.1°，10min平均风速最大值为22.03m/s。由图8.5和图8.6可以看出，台风登陆1h前的平均风速、风向角脉动性较大，之后变化较为平稳。

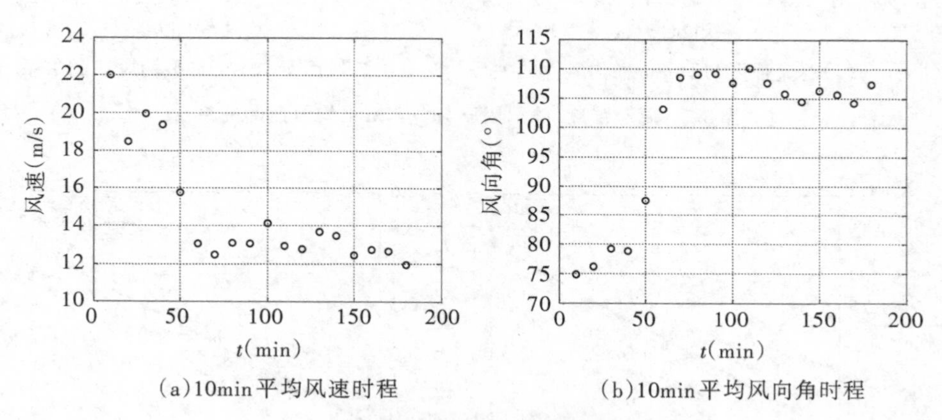

(a)10min平均风速时程　　(b)10min平均风向角时程

图8.6　10min平均风速、风向角时程

8.2.2.3 湍流强度和阵风因子

图8.7(a)给出了10min平均时程顺风向和横风向湍流强度随平均风速的变化情况。可以看出，随着平均风速的增大，“鲇鱼”的湍流强度变化平稳。顺风向和横风向湍流强度平均值分别为0.0824和0.0726，顺风向湍流强度实测结果比日本风荷载规范公式计算结果0.151（$I_u = 0.1 \times (550/150)^{0.32} = 0.151$）小。

实测10min平均时程的阵风因子随平均风速变化的结果如图8.7(b)所示。由图8.7(b)可以看出，随着平均风速的增大，阵风因子变化平稳。顺风向和横风向阵风因子平均值分别为1.210和0.145。

图8.8给出了顺风向、横风向阵风因子与湍流强度之间的关系，可以看出湍流强度与阵风因子之间基本为线性关系（其中横风向的线性关系非常好）。

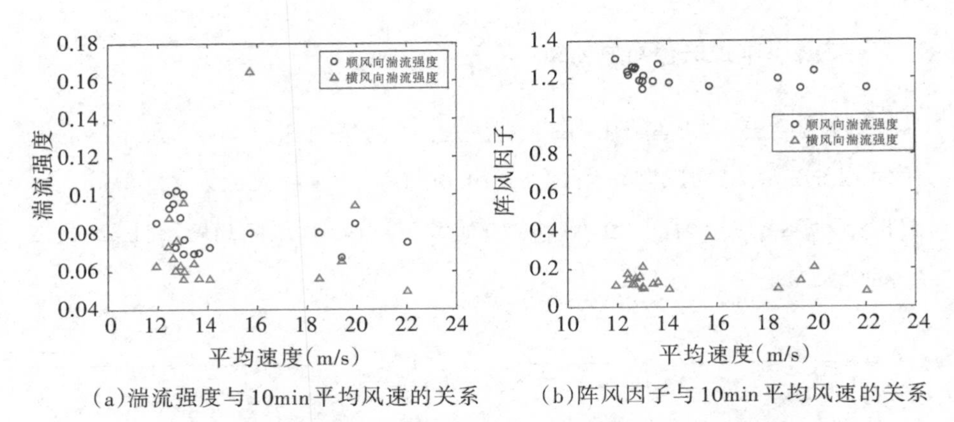

(a)湍流强度与10min平均风速的关系　(b)阵风因子与10min平均风速的关系

图8.7　湍流强度、阵风因子与10min平均风速的关系

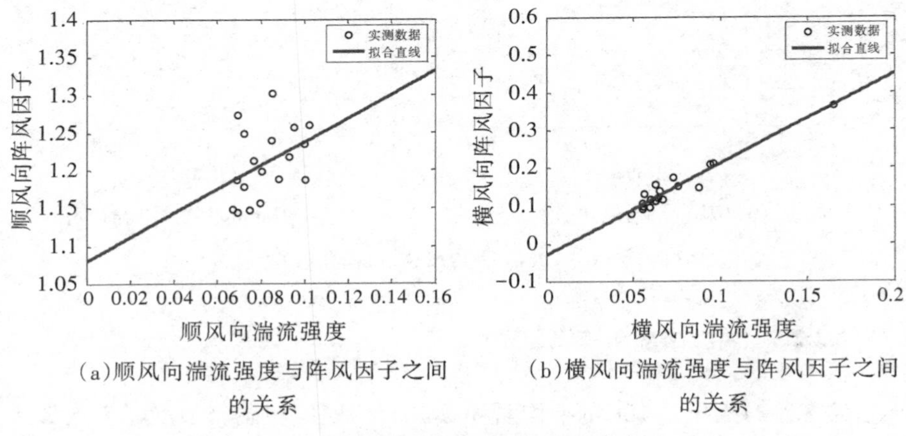

(a)顺风向湍流强度与阵风因子之间的关系　(b)横风向湍流强度与阵风因子之间的关系

图8.8　湍流强度与阵风因子之间的关系

8.2.3　风压特性

8.2.3.1　实测瞬时风压

选取2010年10月23日实测获得的台风"鲇鱼"登陆前后约3h7min的风场与建筑表面风压的同步实测数据进行分析。

图8.9给出了"鲇鱼"作用下实验楼33层玻璃幕墙外表面11个有效测点的风压变化时程。结合图8.5和图8.6,从图8.9可以看出,在前50min左右时间内风速、风向角脉动较大,10min平均风向角在100°以内(东偏东北向),

迎风面(东南面和东北向)测点的风压脉动剧烈,之后平均风向角在100~120°之间(东偏东南面),风压脉动较小且趋于平稳;西北面和西南面为背风面,整个风压时程脉动性较小,且风压绝对值较小;4个面内各测点的风压相关性较强。

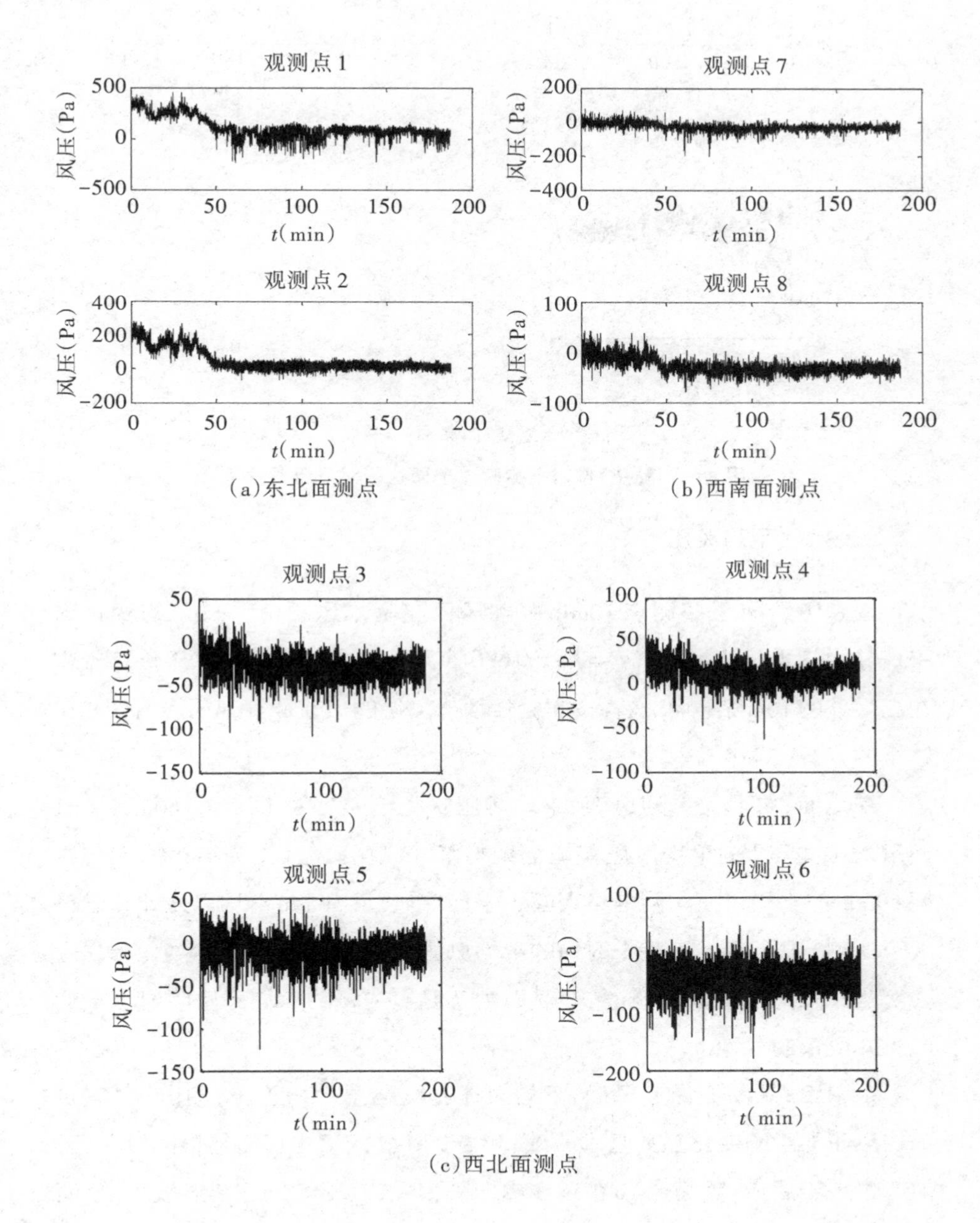

(a)东北面测点　(b)西南面测点

(c)西北面测点

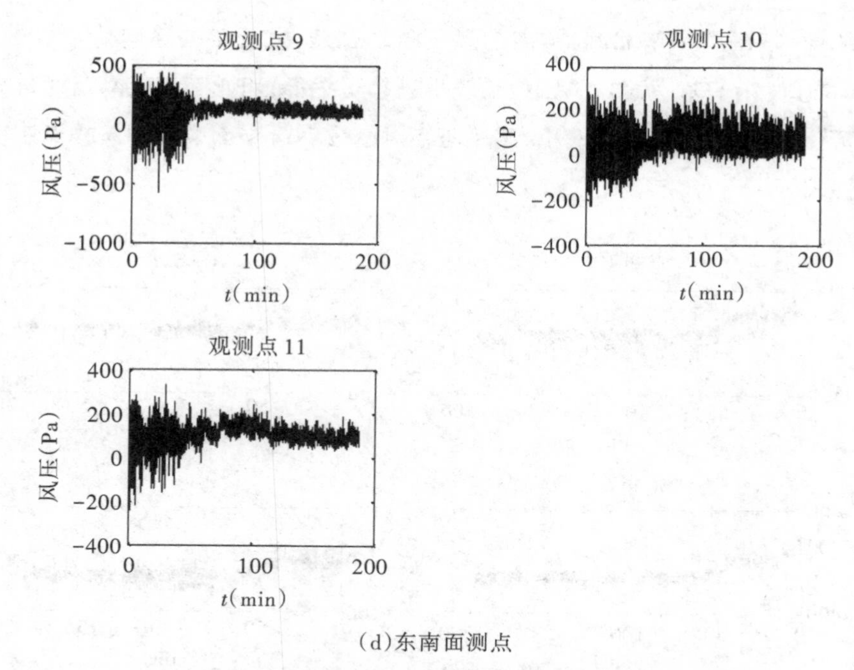

(d)东南面测点

图 8.9 "鲇鱼"作用下实验楼表面的瞬时风压时程

8.2.3.2 平均风压

图 8.10 给出了各测点 10min 平均风压与基本风压(计算值)的变化时程。其中基本风压根据式 $P = U_{10}^2/1630$ 计算得出,式中 U_{10} 为风压传感器所在高度处的 10min 平均风速,按实验楼顶部测得的风速计算得出。对图 8.10 结果的分析如下。

东北面:东北面为迎风面,平均风压实测结果均为正压,前 60min 建筑迎风角部测点 1 的平均风压实测结果与基本风压接近(实测结果略大),中间 60min 的平均风压实测结果大幅小于计算值,后 60min 平均风压计算值略大于实测结果。测点 2 整个时程的平均风压值均较测点 1 和计算值小许多,表明当风从角部吹向建筑时,迎风面中部测点位置的平均风压明显小于迎风角部位置的平均风压。

东南面:东南面为迎风面,平均风压实测结果均为正压,测点 9、10、11 平均风压结果的变化趋势基本一致;测点 9 和 11 的平均风压结果比较接近,前者略大于后者;因测点 10 布置在内凹阳台处,其平均风压结果较小;该面前50min平均风压实测结果与基本风压相差非常大，主要原因是该段时间内风场脉动较大，导致风压值正负脉动剧烈，正、负值平均致使10min风压均值大大减小；50min之后风场脉动趋稳，平均风压实测结果与基本风压的趋势和大小接近。

西北面：西北面为背风面，各测点平均风压实测结果的变化规律非常一致；测点3、5、6全为负压，但测点4为正压，因测点4布置在阳台外凸侧面的角部；即使在风速非常大的前50min，该面的平均风压实测结果也非常小，实测过程中该面的玻璃窗非常容易开启也证实了这一点。

西南面：西南面为背风面，测点7、8的平均风压实测结果全为负压且非常接近；与西北面的结果一样，即使在风速非常大的前50min，该面平均风压实测结果也非常小；西北面和西南面实测结果表明，即使在风速非常大时，背风面的实测风压也非常小。

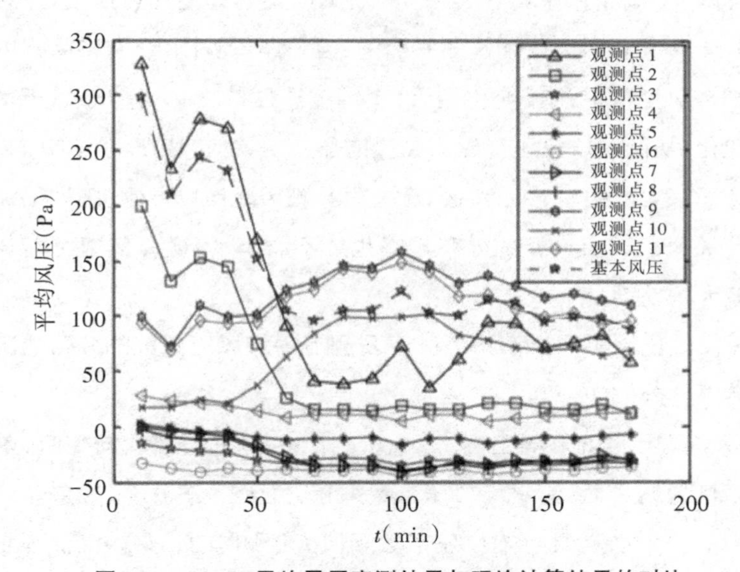

图8.10　10min平均风压实测结果与理论计算结果的对比

8.2.3.3　平均风压系数

平均风压系数C_P按式(8.2)计算。图8.11给出了各面的平均风压系数时程。对图8.11结果的分析如下。

东北面：角部测点1的平均风压系数较大，前50min内（风速较大）的值在1.1～1.2之间，50min后的值均小于1；测点2位于建筑中部位置，其值在0～0.7之间。

东南面：各测点前50min的平均风压系数较小，主要是由风压正负脉动导致平均风压值较小引起的；50min之后测点9、11的值基本在1.0～1.5的范围内波动；测点10在阳台处，其平均风压系数也基本在0.7～1.0之间。

西北面和西南面：测点3、5、6、7、8的平均风压系数较小且基本为负值，在-0.5～0之间；测点4位于阳台外凸侧面的角部，平均风压系数为正，但非常小。

总体来看，迎风面的平均风压系数较大（大部分值超过1），迎风面角部位置的平均风压系数较中部位置的大，而背风面的平均风压系数非常小，在-0.5～0之间。

在不可压缩的低速气流下，考虑无黏状况且忽略体力作用，流动是定常的，图8.11中迎风面风压系数大于1的实测结果与理论计算值（风压系数不能大于1）不符。其原因可能是多方面的，目前还不能确定，有待将来的深入研究。如台风期间的气压变化较大，室内的静压的变化可能滞后于室外大气压的变化，从而造成风压传感器测量的压差值偏大；风压测点前面未受干扰的风场无法实测得到，只能由建筑屋顶实测风速换算得到（因为沿海超高层建筑台风风剖面上风场的分布规律也还不清楚，该换算风速可能与实际风速有较大的差别）。

图8.12给出了不同风向角情况下各测点平均风压系数的分布情况。对图8.12结果的分析如下。

“鲇鱼”风场的风向角在74.7～110.1°之间，风从角部吹向建筑，东北面和东南面均为迎风面，其平均风压系数为正，且大部分超过1。东北面测点1因在迎风角部位置，其平均风压系数明显大于测点2。东南面测点9和11的平均风压系数接近，而测点10在内凹阳台位置，其平均风压系数明显小于测点9和11。

西南面和西北面除阳台测点4的平均风压系数（非常小）为正外，其他测点均为负，在-0.5～0之间。当风向角较小时（在74.8°～87.4°之间），风主要从东北面吹向实验楼，东北面测点1的平均风压系数明显较东南面大。

当风向角较大时（在103.0°～110.1°之间），风主要从东南面吹向建筑，东南面测点9、11的平均风压系数明显较东北面测点1大。

综上所述，图8.12结果清晰地揭示出了建筑各表面及建筑局部（如阳台和建筑角部）平均风压系数随风向角的变化规律。

图8.13给出了各测点平均风压系数与10min平均风速之间的关系。从图8.13结果可以看出，东北迎风面的平均风压系数随着平均风速的增大而逐渐增大，由其风速较大时该面为主迎风面所致。与东北面相反，东南面测点平均风压系数随着平均风速的增大而逐渐减小，两背风面测点的平均风压系数随着平均风速的增大呈逐渐减小的规律。

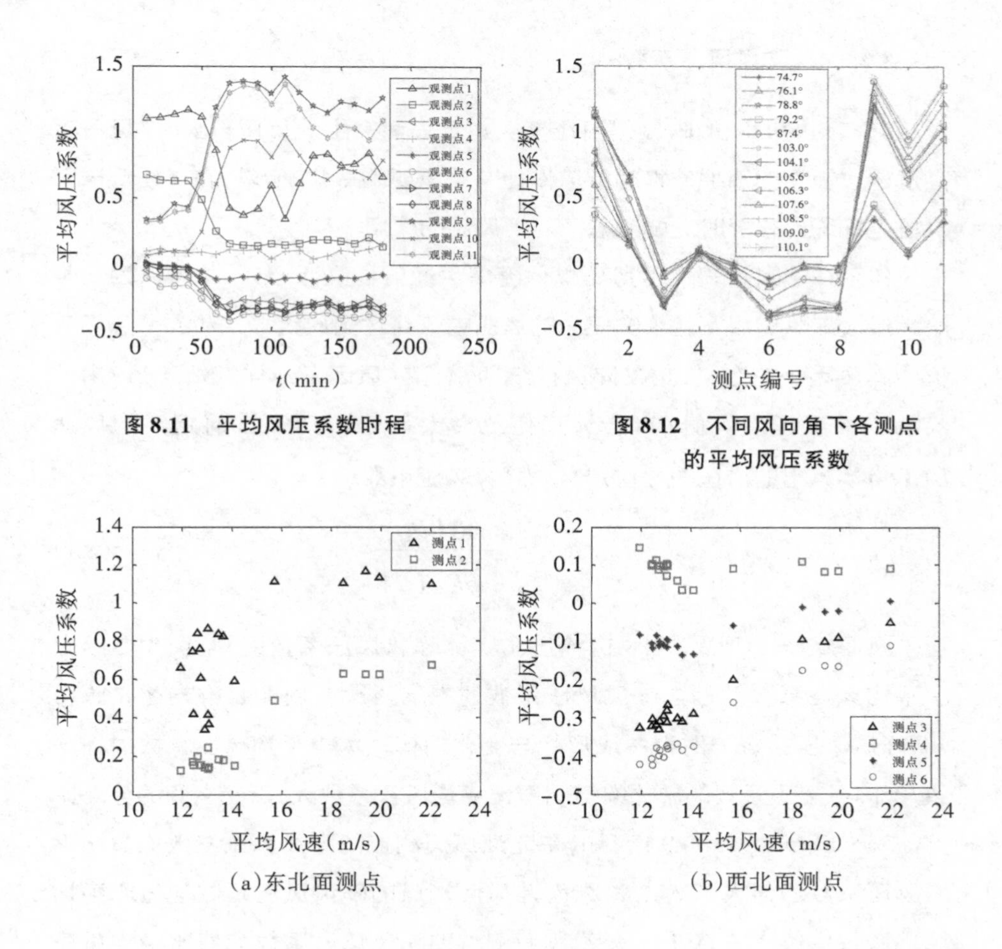

图8.11　平均风压系数时程

图8.12　不同风向角下各测点的平均风压系数

(a)东北面测点

(b)西北面测点

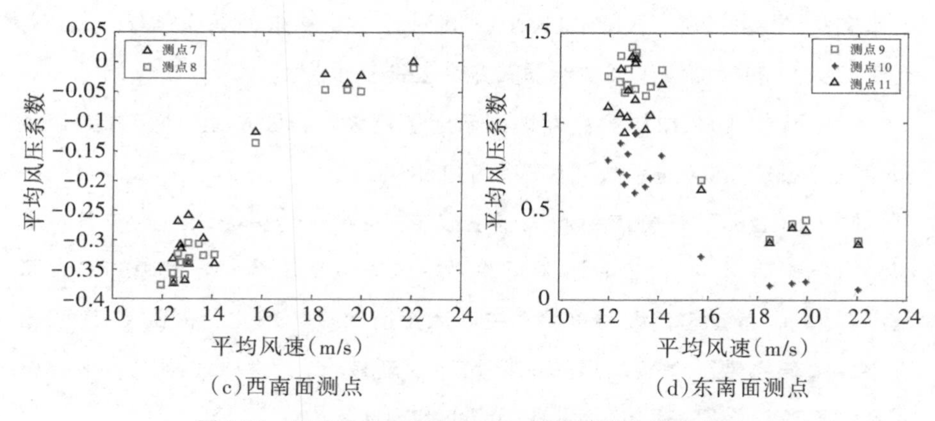

(c)西南面测点 (d)东南面测点

图 8.13 平均风压系数与 10min 平均风速之间的关系

8.2.3.4 阵风风压系数

考虑到短时距的阵风作用在高层建筑表面产生的风压较大，该风压对高层建筑表面的围护结构的抗风设计有着重要的影响，所以，在对建筑表面风压进行统计分析时需要考虑短时距风压的作用。

作用在建筑物表面的风压幅值随着风速的提高而增大，故可认为在某时距最大阵风作用下建筑物表面的风压幅值将达到最大。本节参考风场分析中阵风因子的定义，定义阵风持续期 t_g（和阵风因子一样，取 $t_g = 3\text{s}$）内的实测平均风压最大值 P_{t_g}（最大正值或最大负值）与 10min 时距平均风速 $U_{10}(h)$ 换算出的风压的比值定义为阵风风压系数：

$$C_{P_e} = \frac{\max\left(P_{t_g}\right)}{\frac{1}{2}\rho U_{10}(h)^2} \tag{8.1}$$

根据式(8.1)计算，图 8.14 给出了实测阵风风压系数时程，图 8.15 给出了平均风压系数时程与阵风风压系数时程的对比。由图 8.14 与图 8.15 可知，阵风风压系数的时程曲线形状与变化规律基本与平均风压系数时程一致，但阵风风压系数的总体幅值明显比平均风压系数大，两者之间的偏差比例如表 8.1 所示。由表 8.1 可知，东北迎风面测点的阵风风压系数均值比平均风压系数均值大了 74.9%，东南迎风面测点的阵风风压系数均值比平均风压系数均值大了 60.1%，两背风面测点的阵风风压系数均值比平均风压系数均值大了126.8%。以上对比结果表明，建筑表面的阵风风压系数比平均风压系数大幅增加，在高层建筑结构的抗风设计中应予以重视。

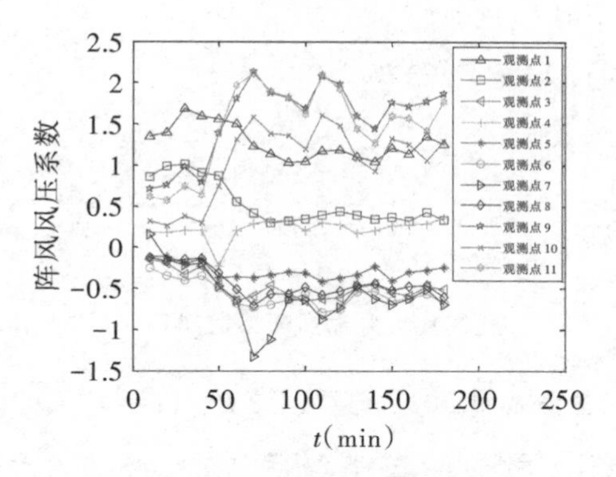

图8.14 阵风风压系数时程

表8.1 平均风压系数与阵风风压系数幅值之差(单位:倍数)

测点编号	1	2	3	4	5	6	7	8	9	10	11
差别	0.650	0.847	0.904	1.464	2.430	0.731	1.409	0.667	0.499	0.751	0.554

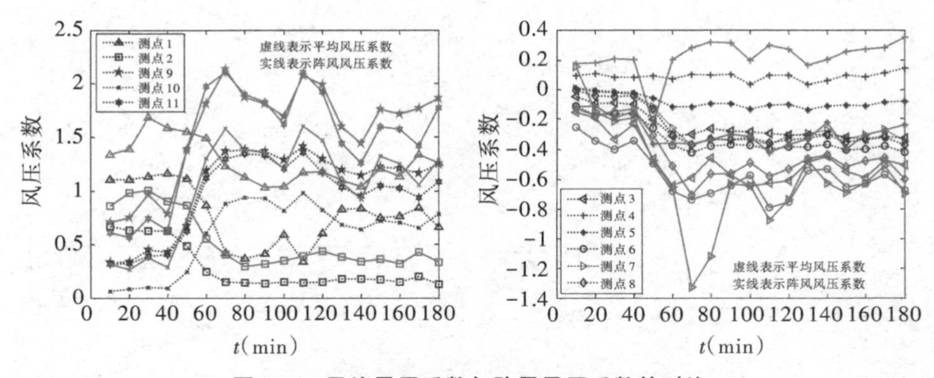

图8.15 平均风压系数与阵风风压系数的对比

8.2.3.5 脉动风压系数

图8.16给出了各测点的脉动风压系数时程。图8.16结果表明，迎风面测点1、9、10、11的脉动风压系数较大，且脉动较大；背风面各测点的脉动风压系数非常小，基本在0~0.15之间，且变化平稳。

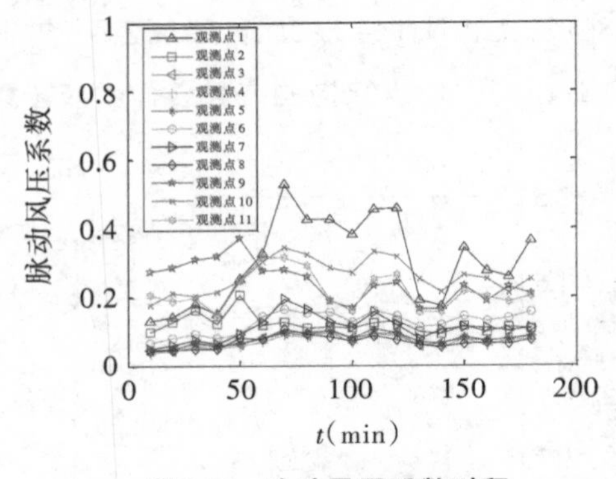

图8.16　脉动风压系数时程

图8.17给出了各测点脉动风压系数与10min平均风速之间的关系。从图8.17结果可以看出,除测点2、9外,建筑各面的脉动风压系数随着平均风速的增大而呈明显的递减趋势。

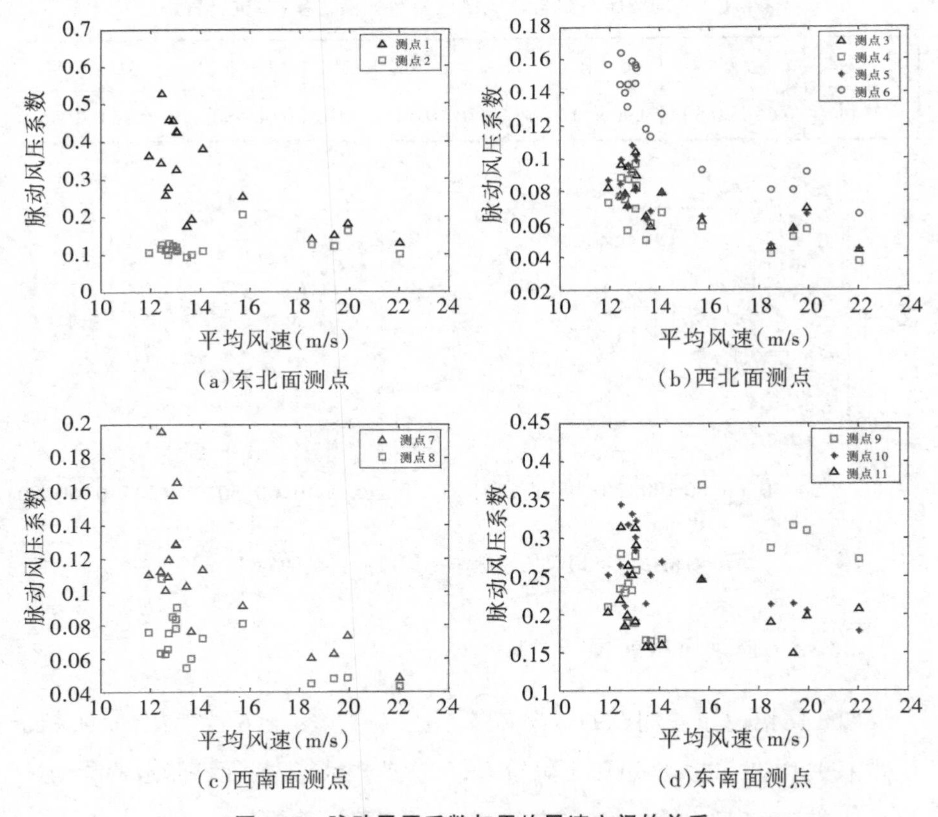

(a)东北面测点　(b)西北面测点

(c)西南面测点　(d)东南面测点

图8.17　脉动风压系数与平均风速之间的关系

8.3 台风“凡亚比”作用下的风压特性

8.3.1 试验概况

为获得高层建筑表面的风压特性及其变化规律,在实验楼第33层四周的玻璃幕墙外表面布置了18个风压测点,其中原第16号测点传感器于测试中途出现了故障,第原6、9号测点数据异常,故有效测点为15个。有效测点平面布置如图8.18所示。

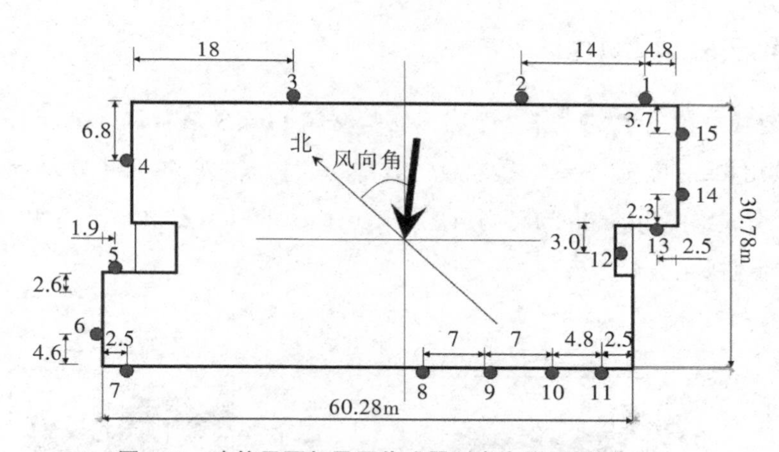

图8.18 建筑平面与风压传感器测点布置图(单位:m)

2010年第11号台风“凡亚比”相关实测方案和实测参数参见第8章第2节,其中风压信号采样频率为20Hz,风场信号采样频率为25.6Hz。本节选取2010年9月20日实测获得的“凡亚比”登陆前后约3h12min的风场和风压同步实测数据进行分析,“凡亚比”与“鲇鱼”的高层建筑风场不同时距湍流强度统计结果如表8.2所示。

表 8.2 高层建筑风场不同时距平均风速最大值的统计结果

台风	风向	不同时距湍流度的均值				各时距与10min时距均值的比值			
		1h	10min	1min	3s	1h	10min	1min	3s
“凡亚比”	顺风向	0.131	0.117	0.098	0.039	1.12	1.00	0.84	0.33
	横风向	0.109	0.082	0.070	0.044	1.33	1.00	0.86	0.54
“鲇鱼”	顺风向	0.127	0.082	0.064	0.026	1.54	1.00	0.77	0.32
	横风向	0.100	0.073	0.053	0.032	1.38	1.00	0.74	0.44

8.3.2 风压特性

8.3.2.1 瞬时风压

图 8.19 给出了“凡亚比”作用下实验楼第 33 层玻璃幕墙外表面 15 个有效测点的瞬时风压时程。从图 8.19 可以看出，各测点风压脉动较大，尤其是在风向角变化较大的时间段内风压脉动也相应非常剧烈，4 个面内测点之间的脉动风压相关性较强。

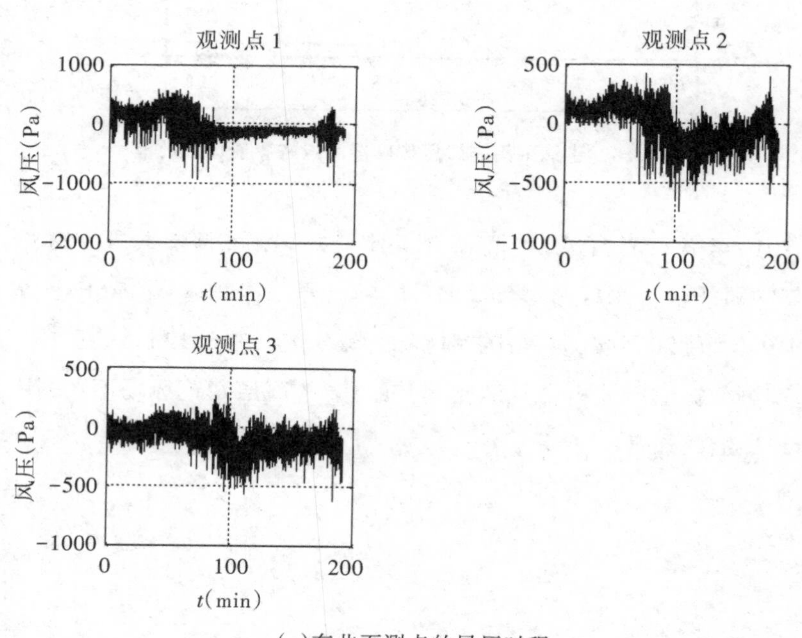

(a)东北面测点的风压时程

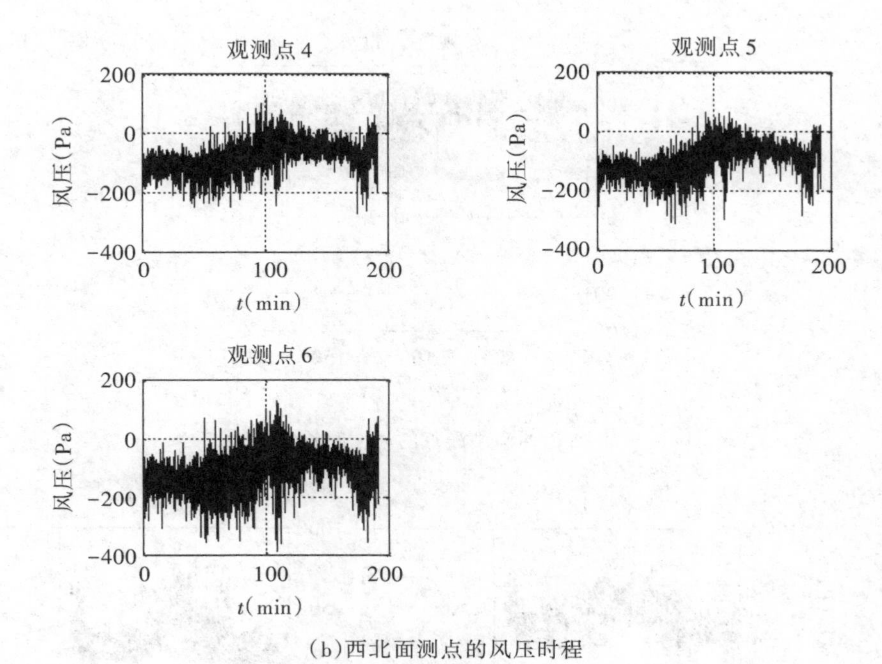

(b)西北面测点的风压时程

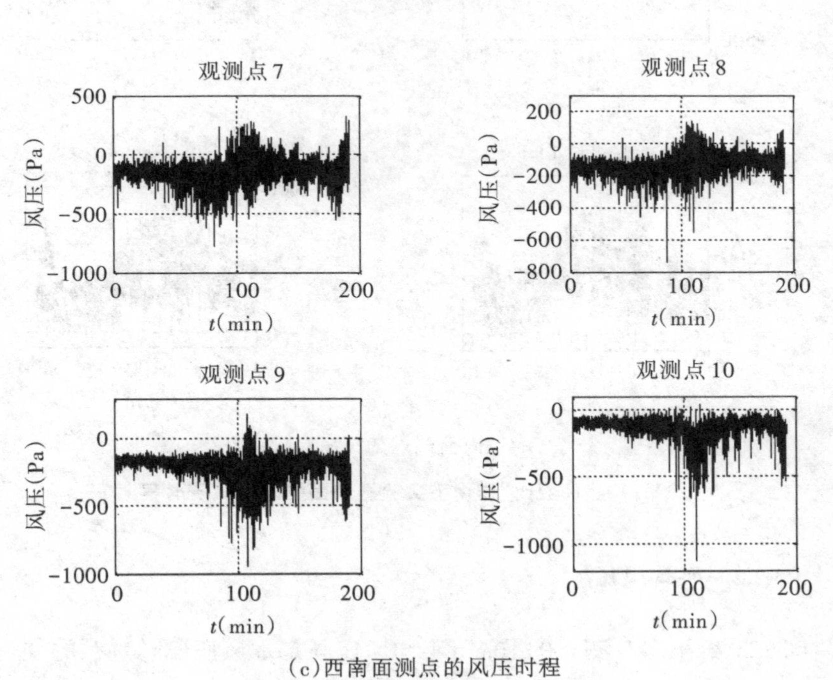

(c)西南面测点的风压时程

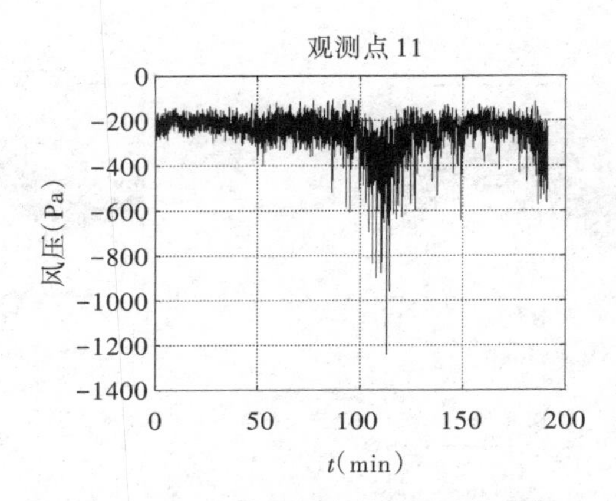

(c)西南面测点的风压时程

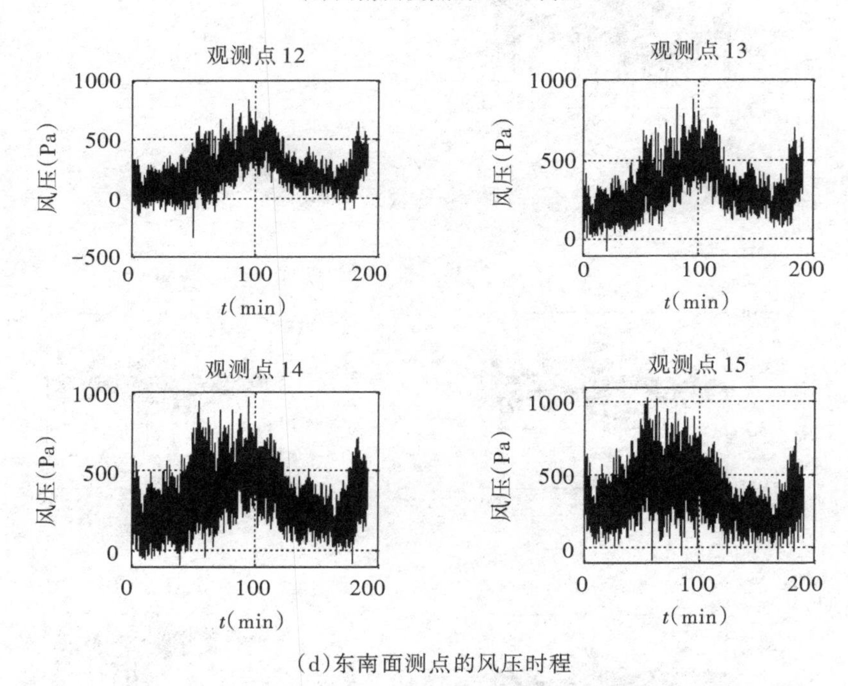

(d)东南面测点的风压时程

图 8.19 "凡亚比"作用下实验楼表面的瞬时风压时程

8.3.2.2 平均风压

图 8.20 给出了各测点的 10min 平均风压与基本风压(计算值)的变化时程,对图 8.20 结果的分析如下。

东北面:在风向角较小的前 70min,该面虽为迎风面,但风主要吹向东南面，靠近迎风角部测点1、2的平均风压均为正压；随着风向角由东转向东南，该面基本变为了侧风面，测点1和2的平均风压逐渐转为负压。测点3在该面的中部位置，平均风压基本为负压。

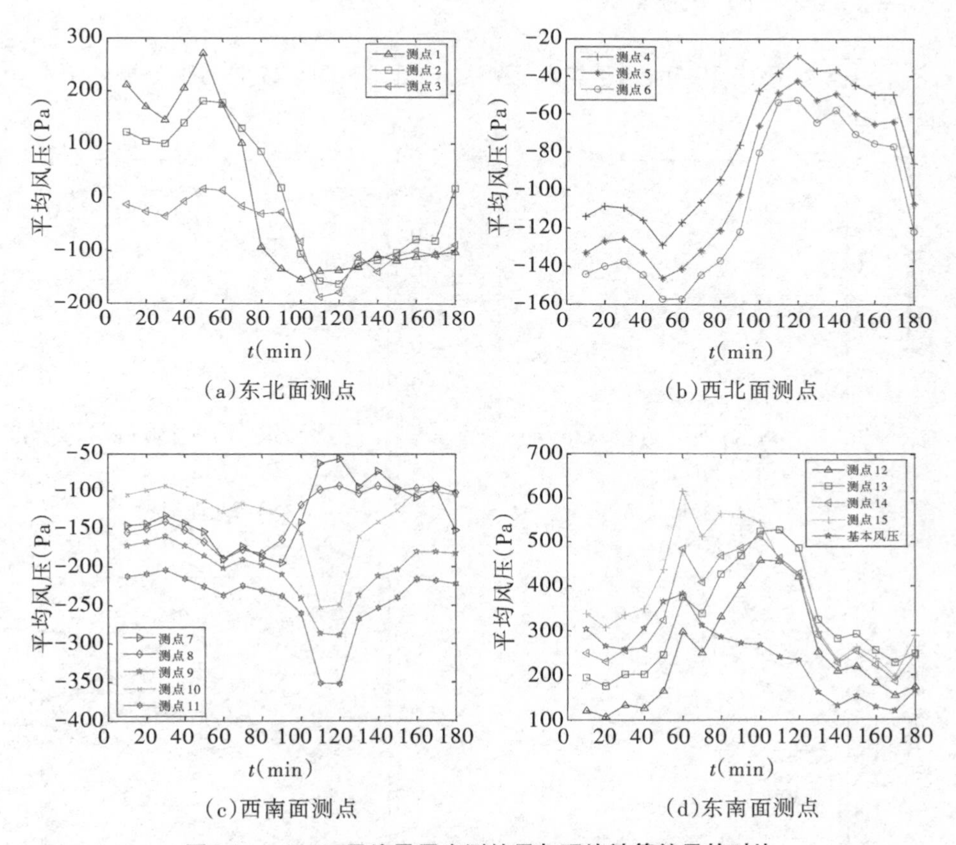

图8.20　10min平均风压实测结果与理论计算结果的对比

西北面：西北面为背风面，各测点平均风压实测结果的变化规律非常一致，且均为较小的负压。

西南面：西南面为背风面，平均风压均为负压；角部测点11受旋涡脱落的影响，负压最大；在风向角最大的第100～120min内，风接近垂直吹向东南面，西南面基本变为了侧风面，受旋涡脱落再附着的影响，该面左侧测点7、8与右侧测点9、10、11的平均风压值和变化规律相差甚大。

东南面:东南面为迎风面,平均风压为正压且较大;该面前 70min 的基本风压在各测点实测结果之间,之后风接近垂直吹向该面,基本风压均明显小于实测结果。

8.3.2.3 平均风压系数

图 8.21 给出了各面的平均风压系数时程。对图 8.21 的结果分析如下。

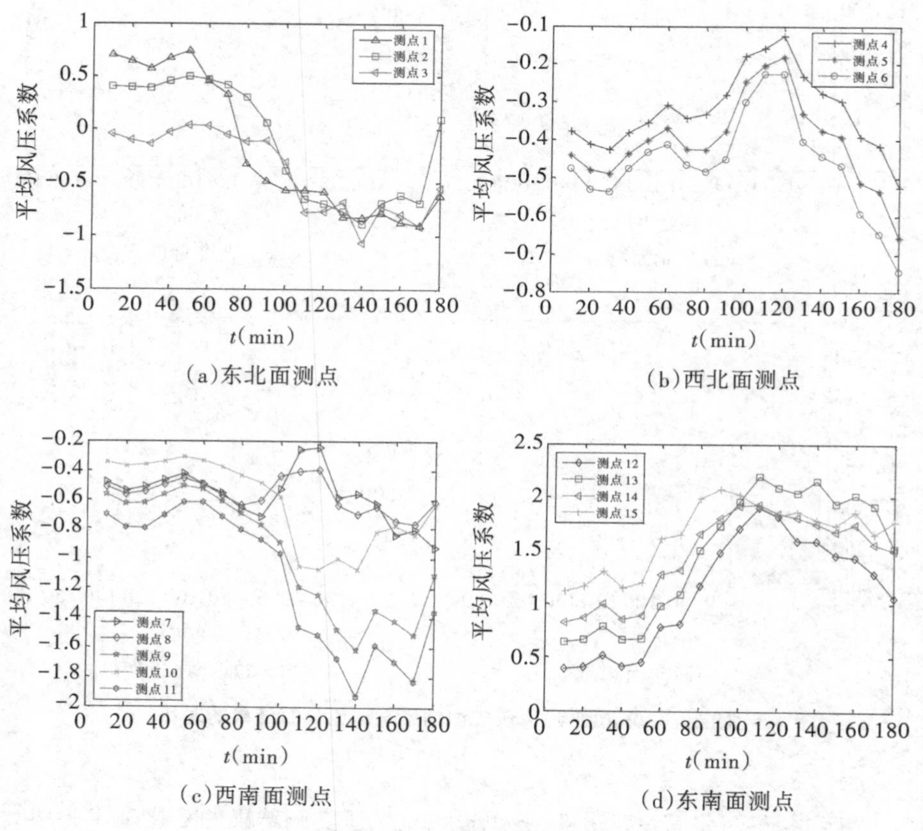

(a)东北面测点　(b)西北面测点

(c)西南面测点　(d)东南面测点

图 8.21　平均风压系数时程

东北面:该面的平均风压系数时程与其平均风压时程非常相似,平均风压系数在-1 ~ 1 之间。

西北面:该面的平均风压系数时程与其平均风压时程非常相似,平均风压系数基本在-0.7 ~ 0 之间。

西南面：该面的平均风压系数均为负，除了测点9和11的负值较大外，其他测点的平均风压系数均在-1～0之间。

东南面：随着风向角由东转向东南，风逐渐垂直吹向该面，其平均风压系数逐渐增大，甚至有部分平均风压系数超过2；测点12位于该面内凹的阳台处，其平均风压系数较小。

总体来看，迎风面的平均风压系数较大，迎风面角部位置的平均风压系数较中部位置的大；背风面少数角部测点的平均风压系数的负值较大；随着风向角的变化，各面内平均风压系数的变化规律基本一致。与图8.11结果类似，图8.21迎风面风压系数大于1的实测结果与理论计算值（风压系数不能大于1）不符。其原因可能是多方面的，目前还不能确定，还有待将来的深入研究。

图8.22给出了各测点的平均风压系数随风向角的变化情况。由图8.22可以看出，随着风向角的增大，风逐渐垂直吹向东南面，东南面的平均风压系数逐渐增大，而东北面则由迎风面逐渐变为了侧风面，其平均风压系数逐渐减小直至全为负值；随着风向角的增大，西北面的平均风压系数为负值，总体上较小且变化较小，而西南面（逐渐变成了侧风面）的平均风压系数为负值，且逐渐增大，变化也较大。总体来看，图8.22清晰地揭示出了平均风压系数随风向角的变化规律。

图8.23给出了各测点平均风压系数与10min平均风速之间的关系。由图8.23可以看出，主迎风面东南面和两个背风面（西南面和西北面）的平均风压系数幅值随着平均风速的增大呈逐渐减小的趋势，而东北面在平均风向角由100°变成130°的过程中，逐渐由迎风面变成了侧风面，所以该面的平均风压系数随平均风速的变化规律相对比较复杂。

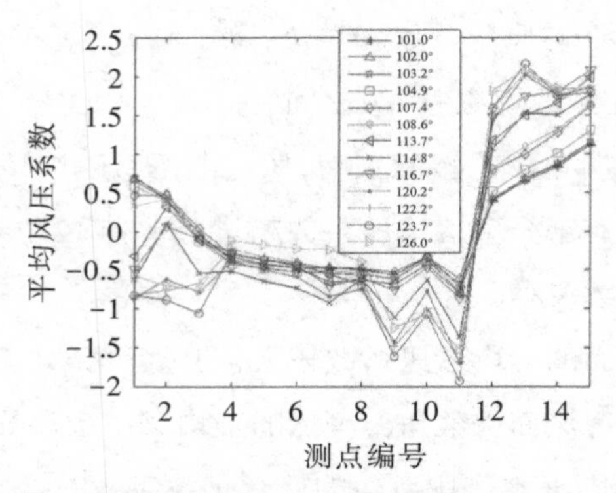

图 8.22　不同风向角情况下各测点的平均风压系数分布

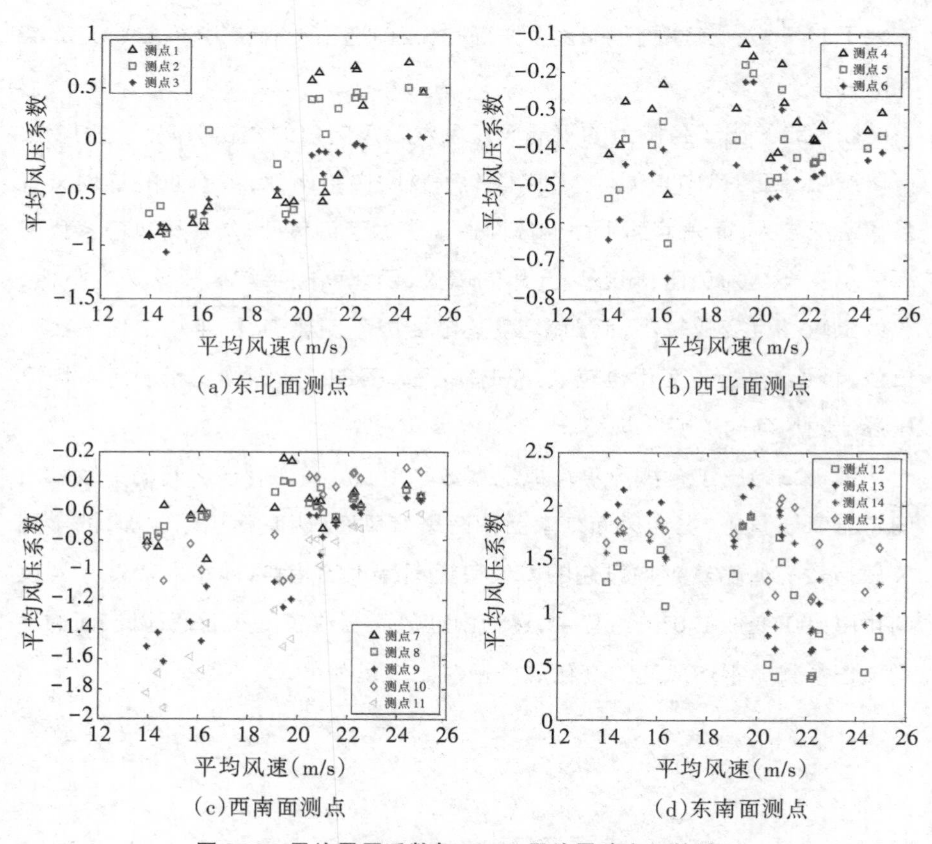

图 8.23　平均风压系数与 10min 平均风速之间的关系

8.3.2.4　阵风风压系数

根据式(8.1)计算,图8.24给出了“凡亚比”作用下实验楼表面的阵风风压系数时程,图8.25给出了平均风压系数时程与阵风风压系数时程的对比。将图8.24与图8.25对比可知,阵风风压系数时程曲线的形状与变化规律基本与平均风压系数一致,但阵风风压系数的总体幅值明显比平均风压系数大,两者之间的偏差比例如表8.3所示。

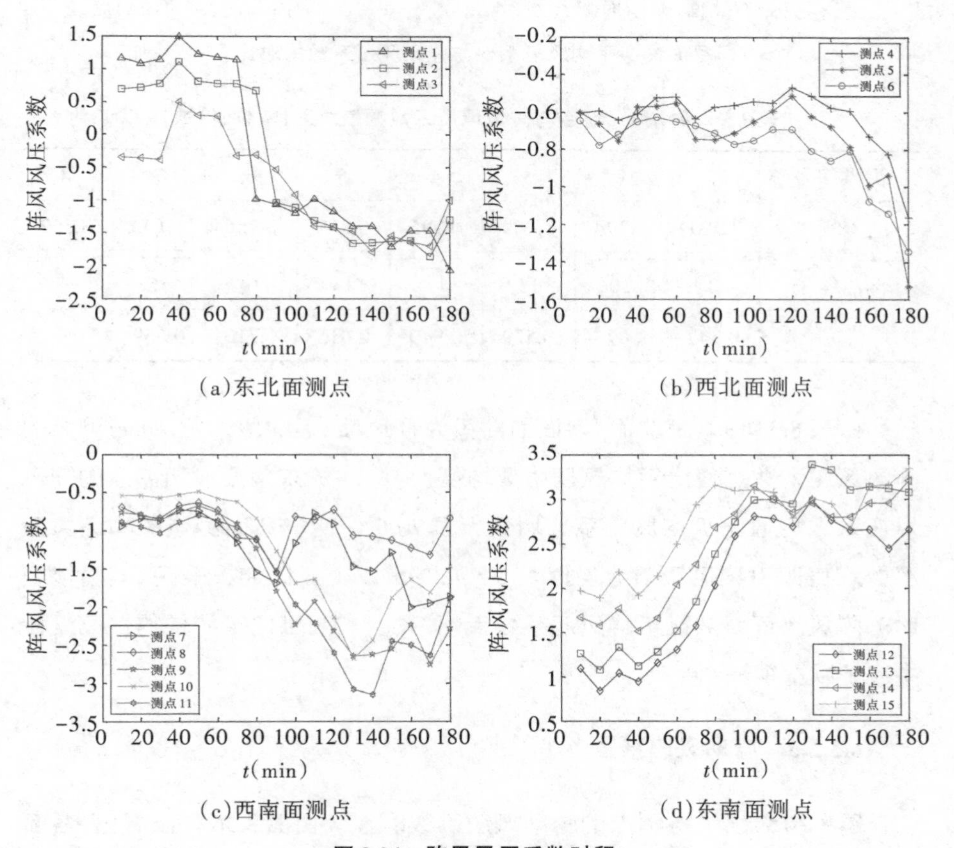

(a)东北面测点　(b)西北面测点

(c)西南面测点　(d)东南面测点

图8.24　阵风风压系数时程

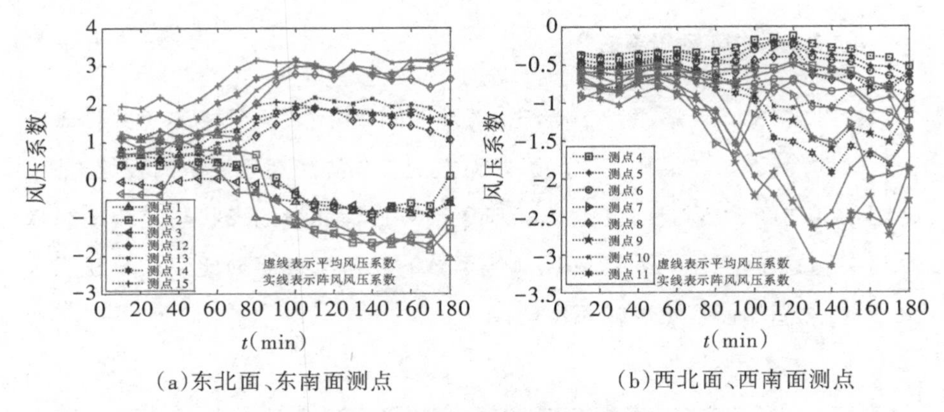

(a)东北面、东南面测点　　(b)西北面、西南面测点

图 8.25　平均风压系数与阵风风压系数的对比

表 8.3　平均风压系数与阵风风压系数幅值之差(单位:倍数)

测点编号	1	2	3	4	5	6	7	8
差别	1.131	3.394	1.009	0.995	0.852	0.766	1.192	0.662
测点编号	9	10	11	12	13	14	15	—
差别	0.747	1.073	0.529	0.840	0.615	0.710	0.659	—

由表 8.3 可知,东北面(该面前时段为迎风面,后时段为侧风面)测点的阵风风压系数均值比平均风压系数均值大 184.5%,东南迎风面测点的阵风风压系数均值比平均风压系数均值大了 70.6%,两背风面测点的阵风风压系数均值比平均风压系数均值大了 85.2%。以上对比结果表明,实验楼表面的阵风风压系数比平均风压系数大幅增加,在高层建筑结构的抗风设计中应予以重视。

8.3.2.5　脉动风压系数

图 8.26 给出了各测点的脉动风压系数时程。由图 8.26 可以看出,各面的脉动风压系数时程呈现出相似的变化规律;迎风面和侧风面的脉动风压系数较大,西北背风面的脉动风压系数非常小,基本在 0 ~ 0.2 之间。

图 8.27 给出了各测点脉动风压系数与 10min 平均风速之间的关系。由图 8.27 可以看出,实验楼各面的脉动风压系数随着平均风速的增大呈明显

的递减趋势。

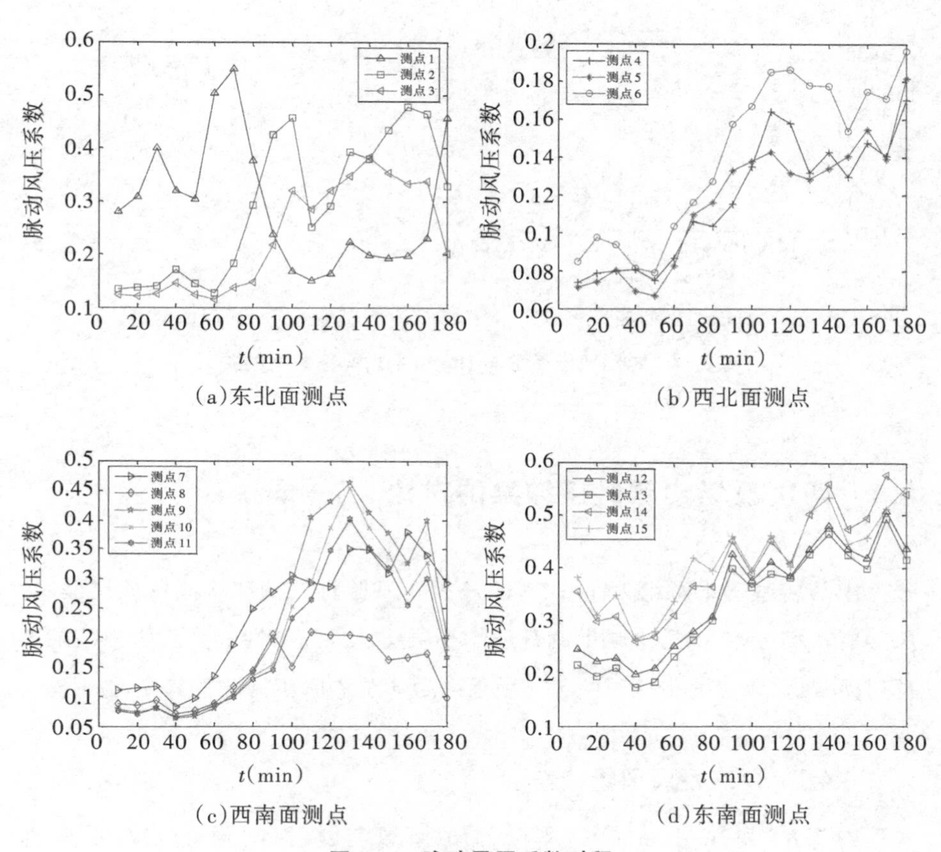

(a)东北面测点　　(b)西北面测点

(c)西南面测点　　(d)东南面测点

图8.26　脉动风压系数时程

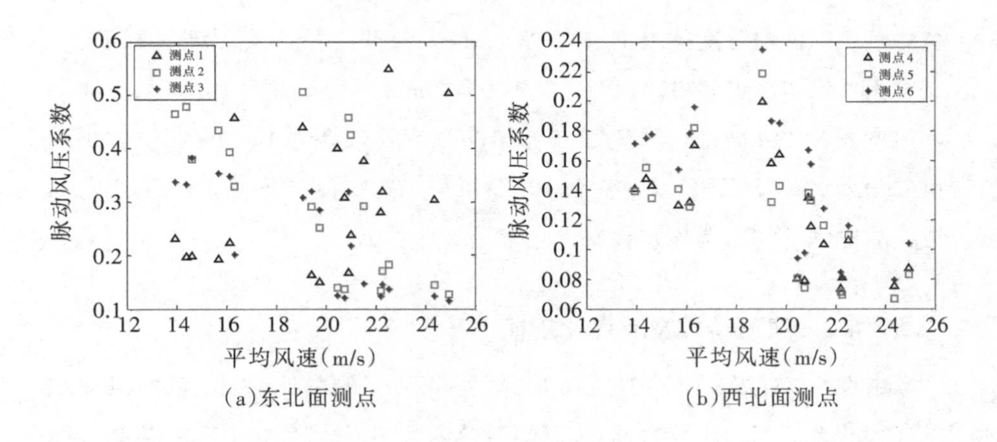

(a)东北面测点　　(b)西北面测点

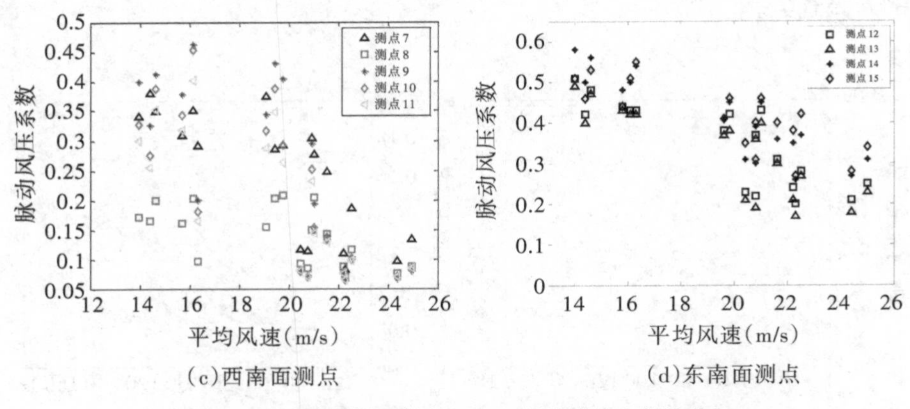

(c)西南面测点 (d)东南面测点

图8.27 脉动风压系数与10min平均风速之间的关系

8.4 两次现场实测风压结果的对比

本节将基于本章第2节和本章第3节对实验楼在两次不同台风过程(台风“鲇鱼”和“凡亚比”)影响期间开展的高层建筑风压特性的实测研究结果进行对比分析,以进一步探讨台风作用下高层建筑的风压特性及其变化规律。

8.4.1 两次台风风场的差别

由表8.2可知,10min时“凡亚比”的顺风向、横风向湍流强度(分别为0.117、0.082)比“鲇鱼”的顺风向、横风向湍流强度(分别为0.082、0.073)大,其中顺风向湍流强度的差别较大,表明实测“凡亚比”的风场脉动性稍强。

由本章第2节可知,“凡亚比”的总体10min平均风速为19.5m/s,总体平均风向角为114.6°;而“鲇鱼”的总体10min平均风速为14.67m/s,总体平均风向角为99.1°。“凡亚比”的总体10min平均风速较台风“鲇鱼”大,两次台风过程的总体平均风向角亦有15.5°的差别。

8.4.2 风压特性及其变化规律

由图8.9与图8.19的对比可知,因“凡亚比”的总体10min平均风速较“鲇鱼”的大,“凡亚比”的瞬时风压幅值总体上明显较“鲇鱼”的大,且脉动性更强。两次台风实测结果表明,实验楼各面内测点之间的脉动风压相关性较强,如对“凡亚比”的实测风压数据分析表明,在东南面整个风压时程中,测点12与13、12与14、12与15、13与14、13与15、14与15之间的风压相关系数分别为0.975、0.828、0.679、0.836、0.6901和0.882。

“鲇鱼”的10min平均风向角基本在75~110°范围内,“凡亚比”的10min平均风向角基本在100~130°范围内。将两次实测风压时程结合起来进行分析将可获得平均风向角在75~130°之间变化时实验楼表面风压的变化规律,可弥补单次实测中平均风向角范围较小的不足。

结合两次台风期间实验楼表面的风压分布情况可以发现,当风向角在75~90°之间时,风主要从东北面吹向实验楼,实验楼东北迎风面(为主迎风面)的风压较大,而东南迎风面的风压大幅小于东北迎风面;西北面和西南面为两个背风面,其风压为负压且非常小。当风向角在90~130°之间时,风主要从东南面吹向实验楼,东南迎风面(为主迎风面)的风压较大,而东北面则逐渐由迎风面变成了侧风面,其风压逐渐由正压转为负压,且较小;西北背风面的风压为负压,且在其逐渐变成与迎风面相对的背风面的过程中其负压逐渐减小;西南面则逐渐由背风面变为侧风面,其负压逐渐增大。

8.4.3　风压系数特征及其变化规律

8.4.3.1　平均风压系数

根据图8.11和图8.21可知,随着风向逐渐垂直于迎风面东北面或东南面,迎风面的风压系数逐渐增大,且其最大平均风压系数超过2(“凡亚比”作用期间)。迎风面风压系数大于1的实测结果与理论计算值(风压系数不能大于1)不符。其原因可能是多方面的,目前还不能确定,还有待将来的深入研究。

正背风面的平均风压系数为负,且非常小,基本在-0.5~0之间(两次台风作用期间)。侧风面的风压系数为负值,最大负值小于-1.5(“凡亚比”作用期间)。

图8.12和图8.22清晰地揭示了实验楼各面平均风压系数随风向角的变

化规律。随着风逐渐垂直吹向实验楼的某一面,该面的平均风压系数将逐渐增大,而与之相对的背风面的风压系数则逐渐减小为较小的负值。

8.4.3.2 阵风风压系数

本节参考风场分析中阵风因子的定义,提出了阵风风压系数的概念,以考虑阵风期间建筑表面短时距较大风压的影响。

阵风风压系数的时程曲线与变化规律基本与平均风压系数时程一致,但阵风风压系数的总体幅值明显比平均风压系数大。两次实测结果表明迎风面阵风风压系数比平均风压系数增大了60%~75%,侧风面与背风面也均有较大的增幅。以上结果对比表明,建筑表面的阵风风压系数比平均风压系数大幅增加,在高层建筑结构的抗风设计中应予以重视。

8.4.3.3 脉动风压系数

两次台风过程中实验楼各面的脉动风压系数较小,基本在0~0.5之间。正背风面的脉动风压系数非常小,基本在0~0.2之间。实验楼各面的脉动风压系数随着平均风速的增大呈明显的递减趋势。

8.5 现场实测结果与风洞试验结果的对比分析

8.5.1 风洞试验概况

8.5.1.1 试验模型及风场模拟

为模拟周边环境,将实验楼旁的两幢相邻建筑也制作了模型,在风洞试验中予以考虑。测压模型几何缩尺比为1:200,模型试验以观音山营运中心11号楼为中心,进行群体风洞试验,如图8.28所示。

试验在湖南大学风洞实验室的HD-3大气边界层风洞中进行,试验段长10m,截面宽2.5m,高3m,转盘直径1.8m,试验段风速于0~20m/s连续可调。按《建筑结构荷载规范》(GB 50009-2012),实验楼所处位置属A类地貌，地面粗糙度指数 $a = 0.12$。采用大气边界层模拟装置尖塔和粗糙元模拟 $a = 0.12$ 的湍流场，并参考实验楼实测风场湍流特性，模拟平均风剖面和湍流强度剖面，如图8.29所示。

图8.28　实验楼及其周边建筑风洞试验模型

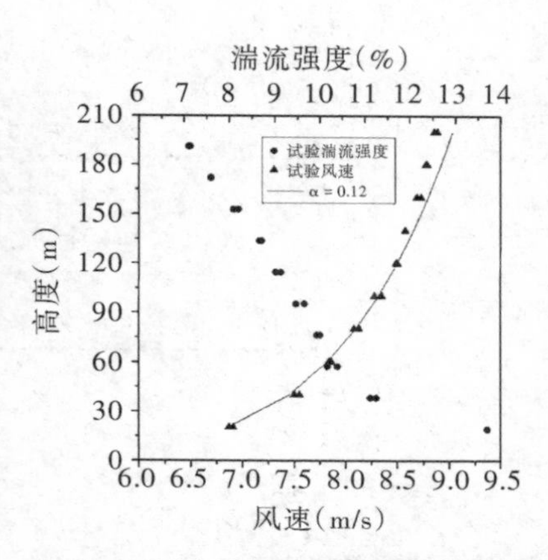

图8.29　平均风剖面和湍流强度剖面

8.5.1.2　测点布置

本试验的重点是为了对比现场实测所对应楼层处的风压系数。故在试验模型的相应位置布置了测点层，而且在其上、下测点层位置的测点布置也较密，即在第32、33(实测层)、34层每层布置了22个测点，并尽量与现场实测的测点布置位置相同。其他楼层测点则在长边上少布置了7个测点，但所有测点的位置每层均相同。测压模型共布置了15个测点层，共246个测点。因试验过程中第32层的L21测点可能被堵塞，导致该点试验数据异常，所以在实验数据统计分析时去掉了该测点的数据。标准层和现场实测层的测点编号及平面布置如图8.30所示。

试验采用4个电子扫描阀同时测量，采样频率为312.5Hz，每个测点的采样样本总长度为10 000个数据。以现场实测所得的风向数据为依据，综合当地的主导风向，选取24个风向角进行同步测压试验，试验风向角分别为0°、15°、30°、34°、35°、40°、45°、50°、55°、56°、57°、60°、63°、65°、66°、69°、72°、75°、77°、78°、81°、84°、87°和90°。试验风向角示意图如图8.31所示。

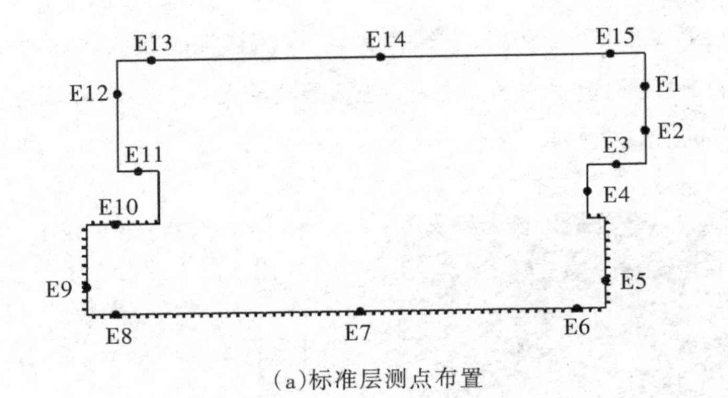

(a)标准层测点布置

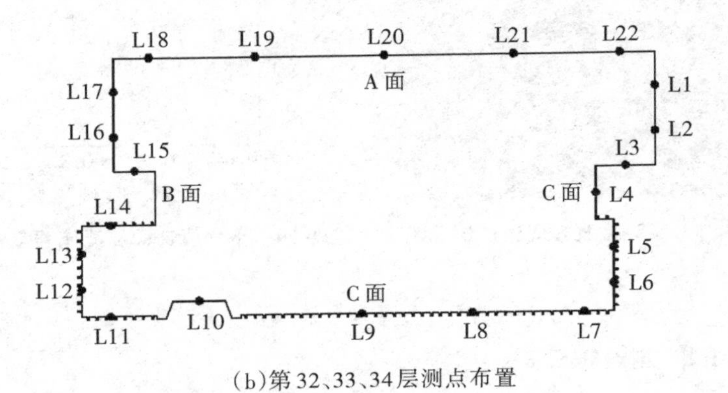

(b)第32、33、34层测点布置

图8.30 测点布置图

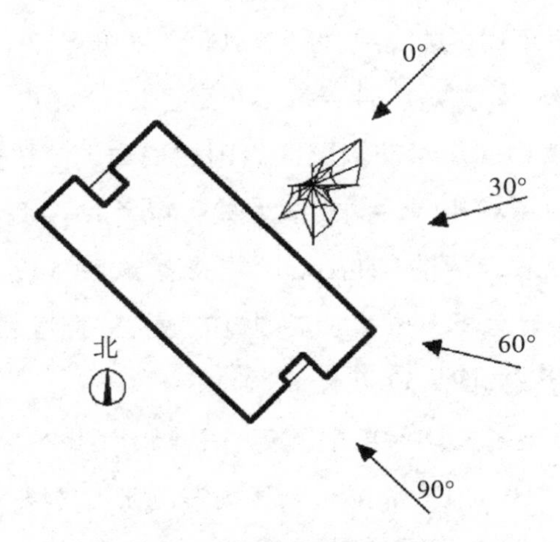

图8.31 试验风向角示意图

8.5.2　风洞试验结果分析

对风洞试验测得的风压时程数据进行统计分析，可得到平均风压系数$C_{\bar{P}}$、均方根脉动风压系数σ_{C_p}和峰值风压系数$\hat{C}_P$。

8.5.2.1　平均风压系数

建筑模型测点的平均风压系数可按下式计算：

$$C_{\bar{P}} = \frac{P}{\frac{1}{2}\rho U(h)^2} \tag{8.2}$$

式中，$C_{\bar{P}}$为平均风压系数，P为测点的平均风压，$U(h)$为模型高度h处前方来流未扰动区的平均风速，ρ为空气密度。

对每个测点，均记录了10 000个风压数据。对风洞试验测得的风压时程数据进行统计分析，即可得到测点的平均风压系数$C_{\bar{P}}$和均方根脉动风压系数σ_{C_p}。

风洞试验结果清晰地揭示出了该建筑各表面及建筑局部（如阳台和建筑角部）平均风压系数随风向角的变化规律。其中风向角为0°时，由试验数据计算得到该实验楼第32～34层迎风面A和D、背风面B和C的局部体型系数分别为0.577、−0.315、−0.268、−0.259。

8.5.2.2　峰值风压系数

对风洞试验测得的风压时程数据进行统计分析，可以求得测点的最大峰值风压系数$\hat{C}_{P\max}$和最小峰值风压系数$\hat{C}_{P\min}$：

$$\hat{C}_{P\max} = \frac{p_{\max}}{\frac{1}{2}\rho U(h)^2} \tag{8.3}$$

$$\hat{C}_{P\min} = \frac{p_{\min}}{\frac{1}{2}\rho U(h)^2} \tag{8.4}$$

式中，$p_{\max}$和$p_{\min}$分别为采样周期内风压的最大值和最小值。

测点的峰值风压系数$\hat{C}_P$也可按下式计算[138]：

$$\begin{cases} \hat{C}_{P\max} = \bar{C}_P + g \cdot \sigma_{C_p} \\ \hat{C}_{P\min} = \bar{C}_P - g \cdot \sigma_{C_p} \end{cases} \tag{8.5}$$

式中，$\hat{C}_{P\max}$为最大风压系数，$\hat{C}_{P\min}$为最小风压系数，σ_{C_p}为均方根脉动风压系数；g为峰值因子，一般取3.0 ~ 4.0，本节取$g = 3.5$。

风洞试验结果表明，迎风面的峰值风压系数随着风向的变化正负脉动较大，背风面测点的峰值风压系数在-1.2 ~ -0.5之间且分布较为均匀。

8.5.3 风洞试验结果与"鲇鱼"期间实测结果的对比分析

选取8.2节中实验楼在台风"鲇鱼"作用期间的平均风压系数实测结果与该实验楼的风洞试验结果进行对比分析。

8.5.3.1 平均风压系数对比

图8.32给出了部分风向角情况下建筑两长边表面实测平均风压系数与风洞试验结果的对比（因风向角和短边平面凹凸不规则因素，在此不做对比）。图8.32中的现场实测风向角统一换算成了风洞试验时的风向角，现场实测的测点编号统一换成了风洞试验时的测点编号。因实测风压的平均风向角仅在29.8 ~ 65.1°之间范围，所以图8.32只给出了该角度范围内现场实测与风洞试验结果的对比。对图8.32结果的分析如下。

迎风面A：风洞试验结果与现场实测结果基本吻合。风向角在29.8 ~ 42.4°之间时，风主要吹向该面，风洞试验结果与现场实测结果吻合非常好；而风向角在60.6 ~ 65.1°之间时，风主要吹向面D，除风向角为65.1°时的L22测点外，风洞试验结果与现场实测结果基本符合。

背风面C：现场实测结果与风洞试验结果的分布情况基本一致，且基本为负值，但现场实测结果明显较风洞试验结果小。

综合以上，由图8.32结果可知，现场实测与风洞试验获得的平均风压系数分布情况基本一致，迎风面的结果吻合较好，背风面的现场实测结果明显比风洞试验结果小。

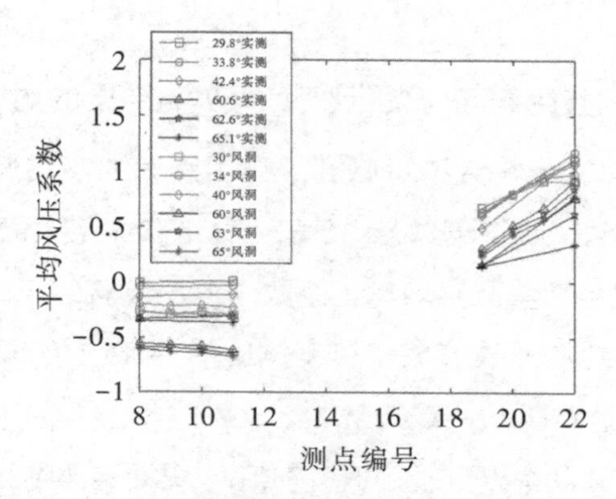

图 8.32　平均风压系数的现场实测与风洞试验结果对比

8.5.3.2　峰值风压系数对比

将现场实测计算得到的平均风压系数和均方根脉动风压系数代入式(8.5),计算出实测峰值风压系数,然后将其与风洞试验结果进行对比,如图8.33所示。对图8.33结果的分析如下。

迎风面A:风洞试验结果与现场实测结果的分布规律基本一致,角部测点L22结果基本吻合,但中部测点L19的值相差较大。

背风面C:现场实测结果与风洞试验结果的分布情况基本一致,且基本为负值,但现场实测幅值明显比风洞试验结果小。

综上所述,现场实测结果与风洞试验结果的分布规律基本一致,但幅值有一定的差别。

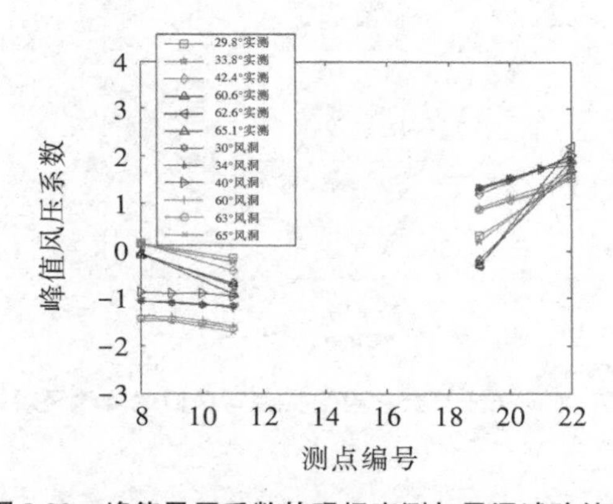

图 8.33　峰值风压系数的现场实测与风洞试验结果对比

8.5.4 风洞试验结果与"凡亚比"期间实测结果的对比分析

选取8.3节中实验楼在台风"凡亚比"作用期间的平均风压系数实测结果与该实验楼的风洞试验结果进行对比分析。图8.34给出了部分风向角工况下实验楼第33层各面实测平均风压系数与风洞试验结果的对比。图8.34中的现场实测风向角统一换算成了风洞试验时的风向角，现场实测的测点编号统一换成了风洞试验的测点编号。

由图8.34结果可以看出，在不同风向角下，现场实测结果与风洞试验结果的变化规律吻合较好，部分测点在某些风向角下的现场实测结果与风洞试验结果亦吻合较好；风主要从迎风面D吹向建筑，迎风面D的实测结果总体明显大于风洞试验结果，而侧风面A的现场实测结果总体比风洞试验结果小，背风面C的现场实测结果与风洞试验结果基本吻合，背风面B的现场实测结果稍大于风洞试验结果。

图8.34结果表明，风洞试验和现场实测揭示出的高层建筑表面平均风压系数的特性及其随风向角的变化规律基本一致，证明了采用风洞试验开展高层建筑风荷载试验的有效性；但在迎风面，风洞试验结果低估了实际风荷载的作用（产生的原因还无法区分，有待进一步研究），会对高层建筑的安全性和适应性设计造成不利影响。

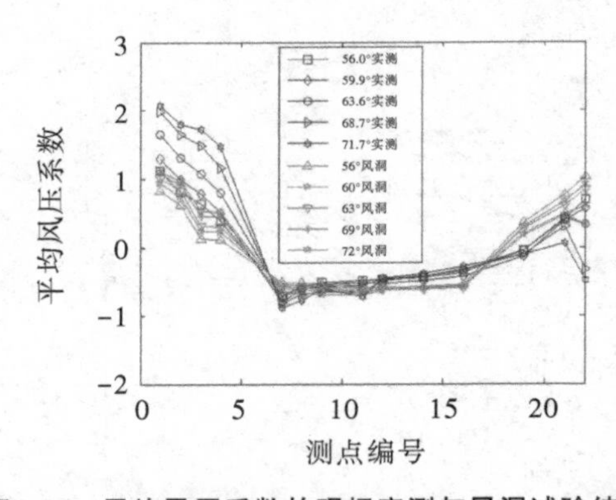

图8.34 平均风压系数的现场实测与风洞试验结果对比

8.6　本章小结

本章基于在厦门观音山营运中心11号楼开展的高层建筑台风风场和风压的同步实测工作，以及相应的模型风洞试验，深入研究了台风作用下高层建筑表面的风压特性及其变化规律。主要结论如下：

(1)两次台风实测结果表明，实验楼各面内测点之间的脉动风压相关性较强，如对“凡亚比”期间的实测风压数据分析表明，东南面整个风压时程中测点12与13、12与14、12与15、13与14、13与15、14与15之间风压的相关系数分别为0.975、0.828、0.679、0.836、0.6901和0.882。

(2)结合两次台风期间实验楼表面的风压分布情况可以发现，当风向角在75～90°之间时，风主要从东北面吹向实验楼，实验楼东北迎风面(为主迎风面)的风压较大，而东南迎风面的风压大幅小于东北迎风面；西北面和西南面为两个背风面，其风压为负压且非常小。当风向角在90～130°之间时，风主要从东南面吹向实验楼，东南迎风面(为主迎风面)的风压较大，而东北面则逐渐由迎风面变成了侧风面，其风压逐渐由正压转负压，且较小；西北背风面的风压为负压，且在其逐渐变成与迎风面相对的背风面的过程中其负压值逐渐减小；西南面则逐渐由背风面变为侧风面，其负压逐渐增大。

(3)随着风向逐渐垂直于迎风面东北面或东南面时，迎风面的风压系数逐渐增大。正背风面的平均风压系数为负，且非常小，基本在-0.5～0之间。侧风面的风压系数为负，最大负值小于-1.5。实验楼表面风压的现场实测结果清晰地揭示出了建筑各面平均风压系数随风向角的变化规律。迎风面风压系数大于1的实测结果与理论计算值(风压系数不能大于1)不符。其原因可能是多方面的，目前还不能确定，还有待将来的深入研究。

(4)本章参考风场分析中阵风因子的定义，提出了阵风风压系数的概念，以考虑阵风期间建筑表面短时距较大风压的影响。研究发现阵风风压系数的时程曲线和变化规律基本与平均风压系数一致，但阵风风压系数的总体幅值大幅高于平均风压系数。所以，在高层建筑结构的抗风设计中应对阵风风压系数予以重视。

(5)两次台风过程中实验楼各面的脉动风压系数较小,基本在0~0.5之间。正背风面的脉动风压系数非常小,基本在0~0.2之间。实验楼各面的脉动风压系数随着平均风速的增大呈明显的递减趋势。

(6)现场实测和风洞试验揭示出的高层建筑表面平均风压系数的特性及其随风向角的变化规律基本一致,证明了采用风洞试验开展高层建筑风荷载试验的有效性。但本章的实测研究表明,迎风面风洞试验结果低估了实际风荷载的作用,这会对高层建筑的安全性和适应性设计造成不利影响。而在背风面,平均风压系数的现场实测结果明显比风洞试验结果小。峰值风压系数的现场实测结果与风洞试验结果的分布规律基本一致,但幅值相差较大。

相关的论文见文献69和文献146。

参考文献

[1]中国气象局．热带气旋年鉴2014[M]．北京：气象出版社，2016.

[2]姜付仁，姜斌．登陆我国台风的特点及影响分析[J]．人民长江，2014(7)：85-89

[3]KAWABATA S, OHKUMA T, KANDA J, et al. Chiba port tower: Full-scale measurement of wind actions Part 2. Basic properties of fluctuating wind pressures[J]. Journal of Wind Engineering & Industrial Aerodynamics, 1990, 33(1): 253-262.

[4]FU J Y, WU J R, XU A, et al. Full-scale measurements of wind effects on Guangzhou West Tower[J]. Engineering Structures, 2012, 35(1): 120-139.

[5]GUO Y L, KAREEM A, NI Y Q, et al. Performance evaluation of canton tower under winds based on full-scale data[J]. Journal of Wind Engineering & Industrial Aerodynamics, 2012, 104(3): 116-128.

[6]LI Q S, XIAO Y Q, WONG C K. Full-scale monitoring of typhoon effects on super tall buildings[J]. Journal of Fluids & Structures, 2005, 20(5): 697-717.

[7]DAVENPORT A G. Rationale for determining design wind velocities

[J]. Journal of the Structural Division, 1960(86):39-68.

[8]VON K T. Progress in the statistical theory of turbulence[J]. Proceedings of the National Academy of Sciences of the United States of America, 1948, 34(11):530-539.

[9]DAVENPORT A G. The spectrum of horizontal gustiness near the ground in high winds[J]. Quarterly Journal of the Royal Meteorological Society, 1961,87(372):194-211.

[10]PANOFSKY H A,SINGER I A. Vertical structure of turbulence[J]. Quarterly Journal of the Royal Meteorological Society, 2010, 91(389):339-344.

[11] KAIMAL J C, WYNGAARD J C, IZUMI Y, et al. Spectral characteristics of surface-layer turbulence[J]. Quarterly Journal of the Royal Meteorological Society, 1972, 98(417):563-589.

[12]SIMIU E. Logarithmic profiles and design wind speeds[J]. Journal of the Engineering Mechanics Division, 1973(10100):1073-1083.

[13]ISYUMOV N,BRIGNALL J. Some full-scale measurements of wind-induced response of the CN Tower, Toronto[J]. Journal of Wind Engineering & Industrial Aerodynamics, 1975, 1(2):213-219.

[14]COUNIHAN J. Adiabatic atmospheric boundary layers: A review and analysis of data from the period 1880-1972[J]. Atmospheric Environment, 1976, 9(10):871-905.

[15]ELLIS B R. Full-scale measurements of the dynamic characteristics of buildings in the UK[J]. Journal of Wind Engineering and Industrial Aerodynamics, 1996, 59(2-3):365-382.

[16]JEARY A P. The description and measurement of nonlinear damping in structures[J]. Journal of Wind Engineering & Industrial Aerodynamics, 1996, 59(2):103-114.

[17]HARIKRISHNA P, SHANMUGASUNDARAM J,GOMATHINAYAGAMA S,et al. Analytical and experimental studies on the gust response of a

52 m tall stell lattice tower under wind loading[J]. Computers and Structures, 1999, 70(2):149-160.

[18] SOLARI G, REPETTO M P. General tencies and classification of vertical structures under gust buffeting[J]. Journal of Wind Engineering and Industrial Aerodynamics, 2002, 90(11):1299-1319.

[19] TAMURA Y, KAREEM A. Advanced Structural Wind Engineering [M]. Tokyo:Springer, 2013. .

[20] TAMURA Y, SUGANUMA S Y. Evaluation of amplitude-dependent damping and natural frequency of buildings during strong winds[J]. Journal of Wind Engineering & Industrial Aerodynamics, 1996, 59 (2-3):115-130.

[21] ANDERSEN O J, LØVSETH J. Gale force maritime wind. The Frøya data base. Part 1: Sites and instrumentation. Review of the database [J]. Journal of Wind Engineering and Industrial Aerodynamics, 1995, 57(1):97-109.

[22] SPARKS P R, REID G T, REID W D, et al. Wind conditions in hurricane Hugo by measurement, inference, and experience[J]. Journal of Wind Engineering and Industrial Aerodynamics, 1992, 41(1-3):55-66.

[23] KATO N, OHUKUMA T, KIMJ R, et al. Full scale measurements of wind velocity in two urban areas using an ultrasonic anemometer[J]. Journal of Wind Engineering and Industrial Aerodynamics, 1992, 41 (1-3):67-78.

[24]徐安,傅继阳,赵若红,等. 中信广场风场特性与结构响应实测研究[J]. 建筑结构学报,2009,30(1):115-119.

[25]吴玖荣,潘旭光,傅继阳,等. 利通广场台风特性与风致振动分析[J]. 振动与冲击,2014(1):17-23.

[26]安毅,全涌,顾明. 上海陆家嘴地区近500m高空台风“梅花”脉动风幅值特性研究[J]. 土木工程学报,2013(7):21-27.

[27]黄子逢,顾明. 上海环球金融中心顶部台风“灿鸿”风速实测[J]. 同济大学学报(自然科学版),2016,44(8):1205-1211.

[28]李秋胜,郅伦海,段永定,等. 台北101大楼风致响应实测及分析[J]. 建筑结构学报,2010,31(3):24-31.

[29]陈丽,李秋胜,吴玖荣,等. 中信广场风场特性及风致结构振动的同步监测[J]. 自然灾害学报,2006,15(3):169-174.

[30]李秋胜,马存明,张双喜,等. 沿海城市中心风场特性及香港国际金融中心风致振动现场实测[C]//中国土木工程学会风工程专委会. 第十三届全国结构风工程学术会议论文集. 大连:大连理工大学出版社,2007.

[31]史文海,李正农,秦良忠,等. 近地面与超高空台风风场不同时距湍流特性对比分析[J]. 建筑结构学报,2012,33(11):18-26.

[32]李正农,罗叠峰,史文海,等. 台风“鲇鱼”作用下厦门沿海某超高层建筑风压特性的风洞试验与现场实测对比研究[J]. 建筑结构学报,2012,33(1):10-17.

[33]张传雄,李正农,史文海. 台风“菲特”影响下温州某高层建筑顶部风场特性实测分析[J]. 地震工程与工程振动,2015,1(1):206-214.

[34]王磊,王永贵,梁枢果,等. 内陆良态风与沿海台风风特性实测对比研究[J]. 武汉理工大学学报,2016,38(1):59-64.

[35]谢壮宁,徐安,魏琏,等. 深圳京基100风致响应实测研究[J]. 建筑结构学报, 2016,37(6):93-100.

[36]申建红,李春祥. 强风作用下超高层建筑风场特性的实测研究[J]. 振动与冲击, 2010,29(5):62-68.

[37]王光远,李桂青. 在风荷载作用下高耸结构反应的概率分析[J]. 建筑学报,1962(3):30-32,36.

[38]DAVENPORT A G. Application of statistical concepts to the wind loading of structures[J]. Ice Proceedings, 1961, 19(4):449-472.

[39]HOLMES J D. Wind Loading of Structures[M]. London:Spon Press, 2001.

[40]顾明. 土木结构抗风研究进展及基础科学问题[C]//中国土木工程学会风工程专委会. 第七届全国风工程和工业空气动力学学术会议论文集. 成都:西南交通大学出版社,2006.

[41]LEE M L. A study of the characteristic structures of strong wind[J]. Atmospheric Research, 2001, 57(3):151-170.

[42]克莱斯·迪尔比耶,斯文·奥勒·汉森. 结构风荷载作用[M]. 薛素铎,李雄彦译. 北京:中国建筑工业出版社,2006.

[43]埃米尔·希缪,罗伯特·H. 斯坎伦. 风对结构的作用:风工程导论[M]. 上海:同济大学出版社,1992.

[44]黄本才,汪丛军. 结构抗风分析原理及应用(第二版)[M]. 刘尚培,项海帆,谢霁明,译. 上海:同济大学出版社,2008.

[45] DAVENPORT A. G. The Relationship of Wind Structure to Wind Loading[R]. Teddington, U. K. : National Physical Laboratory,1963.

[46]周培源,黄永念. 均匀各向同性湍流的涡旋结构的统计理论[J]. 中国科学, 1975(2):68-86.

[47] HE G, JIN G, YANG Y. Space-Time correlations and dynamic coupling in turbulent flows[J]. Annual Review of Fluid Mechanics, 2017, 49(1):51-70.

[48] TAYLOR G I. Statistical theory of turbulence [D]. Cambridge: University of Cambridge, 1935.

[49] DAVENPORT A G. Gust loading factors [J]. Journal Structral Division. ASCE,1967,93(3):1134.

[50] ZHOU Y, KAREEM A. Definition of wind profiles in ASCE 7[J]. Journal of Structural Engineering, 2002, 128(8):1082-1086.

[51] FLAY R G J, STEVENSON D C. Integral length scales in strong winds below 20 m[J]. Journal of Wind Engineering & Industrial Aerodynamics, 1988, 28(1-3):21-30.

[52] AIJ-RLB. Recommendations for Loads on Buildings [S]. Tokyo: Architecture Institute of Japan, 2004.

[53] SOLARI G. Gust Buffeting. I: Peak Wind Velocity and Equivalent Pressure[J]. Journal of Structural Engineering, 1993, 119(2):365-382.

[54]杨永锋,吴亚锋. 经验模态分解在振动分析中的应用[M]. 北京:国防工业出版社, 2013.

[55] JUANG J N, PAPPA R S. An eigensystem realization algorithm for modal parameter identification and model reduction [J]. Journal of Guidance, Control and Dynamics, 1985(8):620-627.

[56] JAMES G H, CARNE T G, LAUFFER J P. The natural excitation technique (NExT) for modal parameter extraction from operating wind turbines[J]. The International journal of analytical and experimental modal analysis, 1993, 93(4):260-277.

[57] PAKZAD S N, ROCHA G V, YU B. Distributed modal identification using restricted auto regressive models [J]. International Journal of Systems Science, 2011, 42(9):1473-1489.

[58]王济,胡晓. MATLAB在振动信号处理中的应用[M]. 北京:知识产权出版社, 2006.

[59] COLE H A. On-Line failure detection and damping measurements of aerospace structures by random decrement signature [R]. Mountain View, Calif.: Nielsen Engineering and Research, Inc., 1973.

[60] IBRAHIM S R. Mikulcik E C. A method for the direct identification of vibration parameters from the free response [J]. The Shock and Vibration Bulletin, 1977, 47(4):183-198.

[61] VANDIVER J K, DUNWOODY A B, CAMPBELL R B, et al. A mathematical basis for the random decrement vibration signature analysis technique[J]. Journal of Mechanical Design , 1982, 104(4):307-313.

[62]钟佑明,秦树人,汤宝平. Hilbert-Huang变换中的理论研究[J]. 振动与冲击, 2002, 21(4):13-17.

[63] HUANG N E. The Empirical mode decomposition and the hilbert spectrum for nonlinear and non-stationary time series analysis[J]. Proceedings Mathematical Physical & Engineering Sciences, 1998, 454(1971):903-995.

[64]顾明,匡军,全涌,等. 上海环球金融中心大楼顶部风速实测数据分析[J]. 振动与冲击,2009,28(12):114-118,122.

[65]顾明,匡军,韦晓,等. 上海环球金融中心大楼顶部良态风风速实测[J]. 同济大学学报:自然科学版,2011,39(11):1592-1597.

[66]LI Q S,XIAO Y Q,WONG C K. Full-scale monitoring of typhoon effects on super tall buildings[J]. Journal of Fluids and Structures, 2005,20(5):697-717.

[67]LI Q S,XIAO Y Q,FU J Y,et al. Full-scale measurements of wind effects on the Jin Mao building[J]. Journal of Wind Engineering and Industrial Aerodynamics,2007,95(6):445-466.

[68]李正农,宋克,李秋胜,等. 广州中信广场台风特性与结构响应的相关性分析[J],实验流体力学,2009,23(4):21-27.

[69]史文海,李正农,罗叠峰,等. 台风鲇鱼作用下厦门沿海某超高层建筑的风场和风压特性实测研究[J]. 建筑结构学报,2012,33(1):1-9.

[70] ISHIZAKI H. Wind profiles, turbulence intensities and gust factors for design in typhoon-prone regions[J]. Journal of Wind Engineering and Industrial Aerodynamics,1983,13(1):55-66.

[71]CHOI E C C. Wind loading in Hong Kong: commentary on the code of practice on wind effects Hong Kong[R]. Hong Kong: Hong Kong Institution of Engineers,1983.

[72] DURST C S. Wind speeds over short periods of time[J]. Meteorological Magazine,1960(89):181-186.

[73] KRAYER W R, MARSHALLR D. Gust factors applied to hurricane winds[J]. Bulletin of the American Meteorological Society,1992,73(5):613-618.

[74]PETER J V,PETER F S. Hurricane gust factors revisited[J]. Journal of Structural Engineering. 2005(5):825-832.

[75]史文海,李正农,张传雄. 温州地区不同时距下近地台风特性观测研究[J]. 空气动力学学报,2011,29(2):211-216.

[76]肖仪清,孙建超,李秋胜. 台风湍流积分尺度与脉动风速谱—基于实测数据的分析[J]. 自然灾害学报,2006,15(5):45-53.

[77]李宏海,欧进萍. 基于实测数据的台风风场特性分析[C]//李宏男,伊廷华. 第二届结构工程新进展国际论坛论文集. 大连:中国建筑工业出版社,2008.

[78]宋丽莉,庞加斌,蒋承霖,等. 澳门友谊大桥“鹦鹉”台风的湍流特性实测和分析[J]. 中国科学:技术科学,2010,40(12):1409-1419.

[79]史文海,李正农,秦良忠,等. 近地面与超高空台风风场不同时距湍流特性对比分析[J]. 建筑结构学报,2012,33(11):18-26.

[80]王旭,黄鹏,顾明. 上海地区近地台风实测分析[J]. 振动与冲击,2012,31(20):84-89.

[81]罗叠峰,李正农,回忆. 海边三栋相邻高层建筑顶部台风风场实测分析[J]. 建筑结构学报,2014,35(12):133-139.

[82]王磊,王永贵,梁枢果,等. 内陆良态风与沿海台风风特性实测对比研究[J]. 武汉理工大学学报,2016,38(1):59-64.

[83]张相庭. 结构风工程理论·规范·实践[M]. 北京:中国建筑工业出版社,2006.

[84]ZHOU Y,KAREEM A. Definition of wind profiles in ASCE 7[J]. Journal of Structural Engineering, 2002, 128(8):1082-1086.

[85]SOLARI G,PICCARDO G. Probabilistic 3-D turbulence modeling for gust buffeting of structures[J]. Probabilistic Engineering Mechanics, 2001, 16(1):73-86.

[86]杨雄,吴玖荣,傅继阳,等. 广州西塔台风特性及风致结构振动现场实测研究[J]. 广州大学学报(自然科学版) ,2011,10(3):72-77.

[87]DAVENPORT A G. Gust loading factors[J]. Journal of the Structural

Division, ASCE,1967,93(3):11-34.
[88]中华人民共和国住房和城乡建设部. 建筑结构荷载规范(GB 50009-2012)[S]. 北京:中国建筑工业出版社,2012.
[89]DAVENPORT A G. Note on the Distribution of the Largest Value of a Random Function with Application to Gust Loading[J]. Proceedings of the Institute of Civil Engineers, 1964, 28(2):187-196.
[90] GREENWAY M E. An analytical approach to wind velocity gust factors[J]. Journal of Industrial Aerodynamics, 1979, 5(1):61-91.
[91]李兆杨,杨彬,张其林,等. 台风"梅花"作用下中国航海博物馆风场特性及风振响应实测分析[J]. 东南大学学报(自然科学版),2016,46(2):379-385.
[92]戴益民,李正农,李秋胜,等. 低矮房屋的风载特性 - 近地风剖面变化规律的研究[J]. 土木工程学报,2009(3):42-48.
[93]李利孝,肖仪清,宋丽莉,等. 基于风观测塔和风廓线雷达实测的强台风黑格比风剖面研究[J]. 工程力学,2012,29(9):284-293.
[94]胡尚瑜,丁九成,李秋胜. 基于Bootstrap方法的近地风剖面参数分析[J]. 广西大学学报自然科学版,2015(4):856-861.
[95]喻梅,倪燕平,廖海黎,等. 西堠门大桥桥位处风场特性实测分析[J]. 空气动力学学报,2013,31(2):219-224.
[96]刘志文,薛亚飞,季建东等. 黄河复杂地形桥位风特性现场实测[J]. 工程力学,2015,32(s1):233-239.
[97]王旭,黄鹏,顾明. 台风"梅花"近地风剖面变化[J]. 同济大学学报(自然科学版),2013,41(8):1165-1171.
[98]赵林,潘晶晶,梁旭东,等. 台风边缘/中心区域经历平坦地貌时平均风剖面特性[J]. 土木工程学报,2016(8):45-52.
[99]DAVIES F , COLLIER C G , PEARSON G N, et al. Doppler lidar measurements of turbulent structure function over an urban area[J]. Journal of Atmospheric & Oceanic Technology, 2003, 21(5):753-761.
[100] GRYNING S E , BATCHVAROVA E , FLOORS R R, et al.

Long-Term profiles of wind and weibull distribution parameters up to 600 m in a rural coastal and an inland suburban area[J]. Boundary-Layer Meteorology, 2014, 150(2):167-184.

[101] KELLY M , TROEN I , JØRGENSEN H E. Weibull-kRevisited: "Tall" profiles and height variation of wind statistics[J]. Boundary-Layer Meteorology, 2014, 152(1):107-124.

[102] TAMURA Y , IWATANI Y , HIBI K , et al. Profiles of mean wind speeds and vertical turbulence intensities measured at seashore and two inland sites using Doppler sodars[J]. Journal of Wind Engineering and Industrial Aerodynamics, 2007, 95(6):411-427.

[103]姚博,聂铭,谢壮宁,等. 台风"海马"登陆过程近地风场脉动特性研究[J]. 建筑结构学报,2018,39(1):28-34.

[104]王栋成,董旭光,邱粲,等. 山东省境内边界层风廓线雷达观测最大风速随高度变化研究[J]. 建筑结构学报,2018,39(2):130-137.

[105] EMEIS S. Current issues in wind energy meteorology[J]. Meteorological Applications, 2015, 21(4):803-819.

[106]赵坤,王明筠,朱科锋,等. 登陆台风边界层风廓线特征的地基雷达观测[J]. 气象学报,2015,73(5):837-852.

[107] FRANKLIN J L, BLACK M L, VALDE K . GPS Dropwindsonde wind profiles in hurricanes and their operational implications[J]. Weather and Forecasting, 2003, 18(1):32-44.

[108] KIKUMOTOA H, OOKAA R, SUGAWARAB H, et al. Observational study of power-law approximation of wind profiles within an urban boundary layer for various wind conditions[J]. Journal of Wind Engineering and Industrial Aerodynamics,2017(164):13-21.

[109] DREW D R, BARLOW J F, LANE S E. Observations of wind speed profiles over greater London, UK, using a doppler lidar[J]. Journal of Wind Engineering & Industrial Aerodynamics, 2013, 121 (121):98-105.

[110]李秋胜,戴益民,李正农,等. 强台风"黑格比"登陆过程中近地风场特性[J]. 建筑结构学报,2010,31(4):54-61.

[111]胡尚瑜,李秋胜.低矮房屋风荷载实测研究(I)——登陆台风近地边界层风特性[J]. 土木工程学报,2012(2):77-84.

[112]史文海,董大治,李正农. 沿海地区近地边界层强/台风的统计特征分析[R]. 北京:中国土木工程学会风工程专委会,2012.

[113]李正农,吴玖荣,李秋胜,等. 广州地区城市上空台风实测结果分析[R]. 北京:中国土木工程学会风工程专委会,2004.

[114]李利孝,肖仪清,宋丽莉,等. 基于风观测塔和风廓线雷达实测的强台风黑格比风剖面研究[J]. 工程力学,2012,29(9):284-293.

[115]赵林,朱乐东,葛耀君. 上海地区台风风特性 Monte-Carlo 随机模拟研究[J]. 空气动力学学报,2009(1):25-31.

[116]赵林,葛耀君,宋丽莉,等. 广州地区台风极值风特性蒙特卡罗随机模拟[J]. 同济大学学报(自然科学版),2007,35(8):1034-1038.

[117]方平治,赵兵科,鲁小琴,等. 台风影响下福州地区的风廓线特征[J]. 自然灾害学报,2013,22(2):91-98.

[118]赵小平,朱晶晶,樊晶,等. 强台风海鸥登陆期间近地层风特性分析[J]. 气象,2016,42(4):415-423.

[119]KAREEM A. Wind excited motion of buildings thesis for the degree of doctor of philosophy[D]. Fort Collins, Colorado: Colorado State University,1978.

[120] HAYASHIDA H, MATAKI Y, IWASA Y. Aerodynamic damping effects of tall building for a vortex induced vibration[J]. Journal of Wind Engineering and Industrial Aerodynamics, 1992, 43(1):1973-1983.

[121]NISHIMURA H, TANIIKE Y. Unsteady wind forces on a squareprismin a turbulent boundary layer. Proceedings of the 9th ICWE[R]. New Delhi: International Association for Wind Engineering (IAWE), 1995.

[122] COOPER K R, NAKAYAMA M, SASAKI Y, et al. Unsteady

aerodynamic force measurements on a super-tall building with a tapered cross section [J]. Journal of Wind Engineering and Industrial Aerodynamics, 1997, 72(1-3):199-212.

[123] MARUKAWA H, KATO N, FUJII K, et al. Experimental evaluation of aerodynamic damping of tall-buildings [J]. Journal of Wind Engineering and Industrial Aerodynamics, 1996, 59(2):177-190.

[124]全涌,顾明. 方形断面高层建筑的气动阻尼研究[J]. 工程力学, 2004,21(1):26-31.

[125]李秋胜,郅伦海,段永定. 台北101大楼风致响应实测及分析[J]. 建筑结构学,2010,31(3):24-31.

[126]曹会兰,全涌,顾明. 风场类型对方形超高层建筑顺风向气动阻尼的影响研究[J]. 振动与冲击,2012,31(16):22-26.

[127]李小康,谢壮宁,王湛. 深圳京基金融中心横风向气动阻尼试验研究[J]. 建筑结构学报,2013,34(12):142-148.

[128]李寿英,肖春云,范永钢,等. 方形截面超高层建筑全风向气动阻尼的试验研究[J]. 湖南大学学报(自然科学版),2015,42(7):9-15.

[129]李秋胜,陈凡. 高层建筑气动弹性模型风洞试验研究[J]. 湖南大学学报(自然科学版),2016,43(1):20-28.

[130]CLOUGH C W, PENZIEN J. Dynamics of Structures[M]. New York: McGraw-Hill, 1975.

[131] TAMURA Y, SUDA K, SASAKI A. Damping in buildings for wind resistant design [C]// CHANG-KOON, CHOI, et al. Eds. First international symposium on wind and structures for the 21st century. Cheju Korea. Yusong, Taejon, Korea: Techno-Press. 2000: 115-129.

[132] CAUGHEY T K. Classical Normal Modes in Damped Linear Dynamic Systems[J]. Journal of Applied Mechanics, 1960;27(2):269-271.

[133] LAGOMARSINO S. Forecast Models for Damping and Vibration Periods of Buildings [J]. Journal of Wind Engineering and Industrial

Aerodynamics, 1993, 48(2-3):221-239.

[134]全涌,严志威,温川阳,等. 开洞矩形截面超高层建筑局部风压风洞试验研究[J]. 建筑结构,2011,41(4):113-116.

[135]谢壮宁,石碧青,倪振华. 尾流受扰下复杂体形高层建筑的风压分布特性[J]. 建筑结构学报,2002,23(4):27-31.

[136]李正良,孙毅,黄汉杰,等. 山地风场中超高层建筑风荷载幅值特性试验研究[J]. 建筑结构学报,2010,31(6):171-178.

[137]李波,杨庆山,田玉基,等. 锥形超高层建筑脉动风荷载特性[J]. 建筑结构学报,2010,31(10):8-16.

[138] LIN J X, SURRY D. The variation of peak loads with tributary area near corners on flat low building roofs [J]. Journal of Wind Engineering and Industrial Aerodynamics, 1998(77-78): 185-196.

[139]张传雄,李正农,史文海,等. 不同台风下高层建筑气动阻尼比综合对比分析[J]. 振动与冲击,2018,37(21):100-107.

[140]张传雄. 台风作用下高层建筑的风场和风效应原型实测研究[D]. 长沙:湖南大学,2018.

[141]张传雄,李正农,史文海,等. 台风作用下某高层建筑结构气动阻尼比的实测分析[J]. 世界地震工程,2017(1):294-302.

[142]潘月月,李正农,张传雄,等. 台风作用下某高层建筑电梯的水平振动响应分析[J]. 振动与冲击,2015,34(19):103-108.

[143] ZHANG C X, SHI W H, LI Z N. Random decrement technique based on the sampling methods [J]. Advances in Civil Engineering and Architecture, 2011(243-249): 5413-5419

[144]ZHANG C X, SHI W H, LI Z N. Field measurements of boundary layer wind characteristics in Wenzhou District[C]//IEEE Computer Society. 2010 International Conference on Mechanic Automation and Control Engineering. , Wuhan : Wuhan university press,2010.

[145]张传雄,王艳茹,李正农,等. 台风下某特定地形风场结构特征实测研究[C]//中国土木工程学会桥梁及结构工程分会,中国空气动力学会

风工程和工业空气动力学专业委员会. 第十九届全国结构风工程学术会议暨第五届全国风工程研究生论坛论文集. 长沙:中南大学出版社,2019.

[146]李正农,郭昌根,尚扬,等. 基于实测加速度的高层建筑风荷载反演[J]. 自然灾害学报,2017(3):115-125.

[147]SHI W H, LI Z N, ZHANG C X. Whole process wind characteristics field measurements of typhoon Morakot[C]//IEEE Computer Society. 2010 International Conference on Mechanic Automation and Control Engineering., Wuhan: Wuhan university press,2010.

[148]史文海,李正农,张传雄. 温州地区近地强风特性实测研究[J]. 建筑结构学报,2010,31(10):34-40.